우리 가구
손수 짜기

도와주신 분
가풍국(대한민국 창호 명장, 인천 삼성종합목공소), 권태원(청옥산 자연휴양림), 김상덕(한국전통공예학교 소목반),
김충광(충남 논산), 김희채(국립수목원), 류상준(서울 은평 형제대장간), 박명배(대한민국 소목 명장, 경기 용인 영산공방),
박민욱(경기도 고양자유학교), 박병수(국립산림과학원), 방대근(대전광역시 무형문화재 소목장),
대전 중구 월정 전통공예 연구소, 설석천(중요무형문화재 소목장, 전남 장성 장성공예사), 안성공구 사장님(서울 중구),
이권명희(경기 고양), 이용석(경기 시흥), 이원우(경기 고양), 이재만(중요무형문화재 화각장, 인천),
이종석(중요무형문화재 소반장 이수자, 서울 노원), 조원현(대전 미루공방), 최정록(강원 강릉), 홍훈표(홍훈표공작소)

도와주신 곳
국립민속박물관, 국립수목원, 국립중앙박물관, 농업박물관(서울 중구), 대성제재소(경기 양평), 산림조합중앙회 목재유통센터,
산림청 국유림관리소(양평, 평창), 서울역사박물관, 우림목재(강원 강릉), 울트라박물관(서울 양천), 유림목재(경기 고양),
충북대 연륜연구센터, 호암미술관, 원목가구 만들기(http://cafe.naver.com/furnituremaker.cafe)

우리 가구 손수 짜기

초판 1쇄 발행ㅣ2009년 7월 20일
초판 10쇄 발행ㅣ2020년 11월 20일

기획ㅣ심조원
글쓴이ㅣ심조원
그림 그린이ㅣ김시영
목재 그림 그린이ㅣ전보라
취재와 편집책임ㅣ김은주
펴낸이ㅣ조미현

펴낸곳ㅣ(주)현암사
등록ㅣ1951년 12월 24일 · 제10-126호
주소ㅣ04029 서울 마포구 동교로12안길 35
전화번호ㅣ02-365-5051 · 팩스ㅣ02-313-2729
전자우편ㅣeditor@hyeonamsa.com
홈페이지ㅣwww.hyeonamsa.com

ⓒ 심조원 2008

• 저작권자와 협의하지 않고 이 책을 무단으로 복제하거나 다른 용도로 쓸 수 없습니다.
• 지은이와 협의하여 인지를 생략합니다.
• 잘못된 책은 바꾸어 드립니다.

ISBN 978-89-323-1487-7 03500

이 도서의 국립중앙도서관 출판시도서목록(CIP)은 e-CIP 홈페이지(http://www.nl.go.kr/ecip)에서
이용하실 수 있습니다.(CIP제어번호 : CIP2009001938)

우리 가구 손수 짜기

목수 조화신 | 글 심조원 | 그림 김시영 외

나무 베기에서 가구 짜기까지 그림으로 그린 목공 길잡이

현암사

차례

일러두기 8

나무에서 목재로

우리 숲 12
우리 나무 14
솎아베기와 가지치기 16
나무 베기 18
통나무 나르기 20
통나무 갈무리 22
제재소 24
목재 켜기 26
판재 말리기 28
목재 구조 30
갈라지고 휘어지는 목재 32
판재로 쓰는 나무 34
각재로 쓰는 나무 36
가공목 38

목수 연장

목공 작업실 42
목수 연장 44
작업대 46

자 48
  곧은자, 직각자 쓰기 50
  연귀자 쓰기 52

그무개 54
톱 56
  톱날 58 / 톱질1 60
  톱질2 62 / 톱 손질 64
대패 66
  대패 구조 68 / 대패질 70
  대팻날 갈기 72
  대팻집 바로잡기 74
끌 76
  끌질1 78 / 끌질2 80
  끌 손질 82

망치 84
  망치질 86
송곳, 드릴 88
조임쇠 90
  조이기 92
조각칼 94
  조각칼 쓰기 96
  무늬 새기기 98

도끼, 자귀 100
숫돌 102
줄, 환 103
풀 104
사포 106
전기 드릴 108
스크롤 톱 110
직소 112
트리머 114

가구 짜기

설계하기 118
마름질하기 120
짜 맞추기 122
   맞붙임 124
   턱맞춤 126
   반턱맞춤 128
   사개맞춤 130
   주먹장 사개맞춤 132
   본 그리기 134
   연귀맞춤 136
   제비초리맞춤 138
   장부맞춤 140
   쐐기 박기, 산지못 끼우기 142
   나비장붙임, 메뚜기장이음 144
오동나무 지지기 146
먹칠하기, 흙가루칠하기 148
사포질하기 150
기름칠하기 152
장식 달기 154
책상 짜기 156
책장 짜기 160
반닫이 짜기 164

아름다운 우리 가구

서안, 경상, 문갑 170
책장 172
궤, 반닫이, 함 174

장, 농 176
찬장 178
소반 180
뒤주 182
약장 184

부록
우리 목재

가래나무 188 / 감나무 189
고욤나무 190 / 굴참나무 191
느티나무 192 / 단풍나무 193
대추나무 194 / 돌배나무 195
물오리나무 196 / 물푸레나무 197
박달나무 198 / 밤나무 199
버드나무 200 / 산벚나무 201
산뽕나무 202 / 상수리나무 203
소나무 204 / 금강송 205
아까시나무 206 / 오동나무 207
은행나무 208 / 자작나무 209
잣나무 210 / 전나무 211
졸참나무 212 / 주목 213
참죽나무 214 / 피나무 215
향나무 216 / 호두나무 217

목공 용어 218
찾아보기 220
참고한 자료 222

일러두기

1. 이 책에 나오는 작업실과 작업대, 그리고 대부분의 연장은 조화신 목수가 쓰고 있는 것입니다. 목수가 연장을 다루는 모습과 가구 짜는 과정은 하나하나 취재해서 그렸습니다.
2. 이 책은 나무를 베서 목재로 만드는 과정과, 목재의 특징, 조선 목수 연장, 예부터 전해 오는 가구 짜는 기술, 아름다운 우리 가구에 대한 이야기를 담았습니다. 부록으로는 목공에 많이 쓰는 우리 나라 목재 정보를 실었습니다.
3. 가구 세밀화는 호암미술관, 국립중앙박물관, 국립민속박물관, 서울역사박물관, 대구아트센터, 동인방에서 받은 사진을 참고해서 그렸습니다.
4. 목재 세밀화는 과학기술부 한국과학재단지원 국가지정연구소재은행인 충북대학교 목재연륜소재은행과 국립산림과학원에서 받은 표본을 보고 그렸습니다.
5. 낱말과 맞춤법은 『표준국어대사전』(국립국어원, www.korean.go.kr)을 따르고 띄어쓰기는 『띄어쓰기 편람』(이승구 외, 대한교과서주식회사, 2001)을 따랐습니다. 연장과 쓰임새, 목공 기술에 관한 낱말은 되도록 우리말로 쓰고 사전에 없는 낱말은 목수가 쓰는 입말을 썼습니다.
6. 본문 글자 위에 쓰인 숫자는 그 쪽을 찾아보라는 뜻입니다.
  보기) 장부맞춤[140]→ 장부맞춤에 대해 더 알고 싶으면 140쪽을 보라는 뜻입니다.
7. 목재와 가구의 크기는 가로×세로×높이 순으로 적었습니다. 둥근 소반에 표시된 Ø는 위판의 지름입니다.

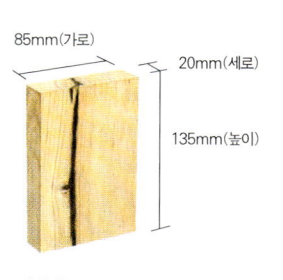

먹감나무, 85×20×135mm

머릿장, 715×468×725mm

8. 부록 보기

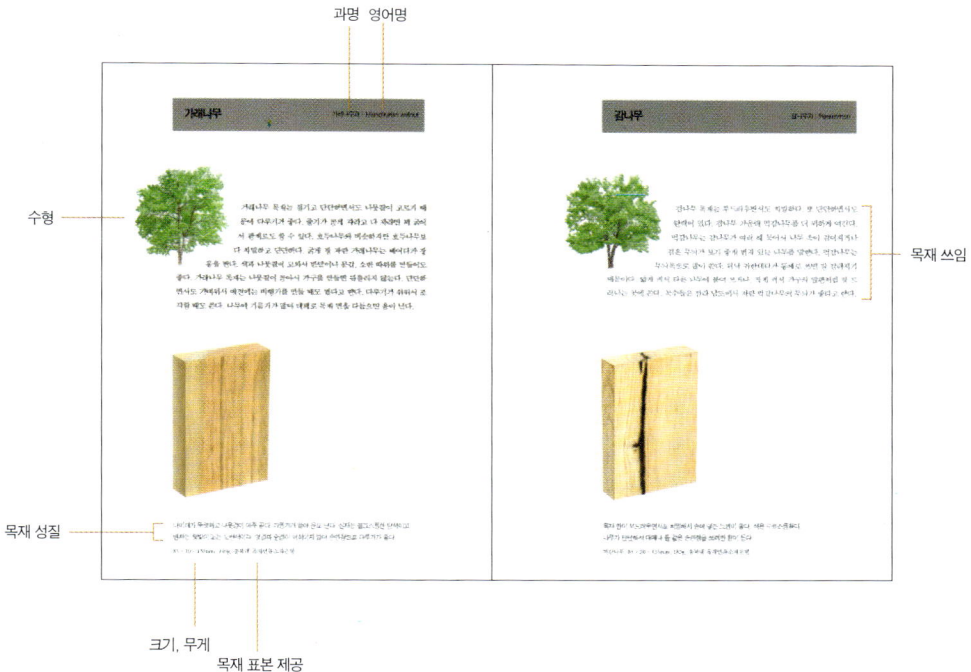

우리 가구 손수 짜기 9

나무에서 목재로

우리 숲
우리 나무
솎아베기와 가지치기
나무 베기
통나무 나르기
통나무 갈무리
제재소
목재 켜기
판재 말리기
목재 구조
갈라지고 휘어지는 목재
판재로 쓰는 나무
각재로 쓰는 나무
가공목

우리 숲

　우리 나라는 아시아 대륙의 동쪽 끝에 있는 반도로, 해양성 기후와 대륙성 기후가 만나는 곳이다. 산과 계곡이 많아 지형이 복잡하고, 제주도에서 백두산까지 남북으로 길다. 봄, 여름, 가을, 겨울, 사철이 뚜렷하고 여름에 비가 많은 편이라 숲이 생기기에 좋다.
　우리 산에는 천 종이 넘는 나무가 울창한 숲을 이루며 자라고 있다. 제주도와 남부 지방은 난대 기후 지역으로 비자나무나 후박나무 같은 늘푸른나무가 자라고, 북부 지방은 아한대 기후 지역으로 가문비나무나 전나무 같은 바늘잎나무가 많이 자란다. 가장 넓은 면적을 차지하고 있는 온대 기후 지역에서는 참나무나 서어나무 같은 넓은잎나무가 잘 자란다. 소나무도 많다. 소나무는 거친 땅에서도 잘 자라고, 재목감으로 쓸모가 많아 나라에서 관리해 왔기 때문이다.
　우리 겨레는 아주 오래전부터 나무로 집을 짓고, 숲에서 먹을거리를 얻었다. 숲에 깃들어 살아온 셈이다.

우리 나무

우리 산에는 아름다운 꽃을 피우는 꽃나무가 있는가 하면, 열매를 따 먹는 과일 나무, 열매나 뿌리, 줄기를 약재로 쓰는 나무도 있다. 또 집을 짓거나 가구를 짤 만한 재목감도 난다.

우리 겨레는 오래전부터 집을 짓거나 살림살이를 만들 때 나무를 많이 썼다. 기와집이나 초가집은 목재를 짜 맞춰서 뼈대를 세우고, 나무가 많은 산골에서는 통나무를 쌓아 귀틀집을 지었다. 나무 껍질을 벗겨 지붕도 이었다. 또 부엌살림이며 농사 연장 같은 것도 나무로 만들어 썼다.

옛날부터 많이 써 온 나무로는 소나무, 느티나무, 오동나무, 피나무, 참나무 따위가 있다. 소나무는 예나 지금이나 가장 쓰임새가 많은 나무이고 우리 나라 산과 들 어디에서나 잘 자란다. 단단하고 무늬가 좋아 목재 가운데 으뜸으로 치는 느티나무는 동네 어귀나 산기슭에서 크게 잘 자란다. 가볍고 물기를 먹지 않아 가구를 짜기 좋은 오동나무는 마당 한쪽에 심어 가꾸고, 나무가 가볍고 부드러워서 부엌살림에 많이 쓰는 피나무는 높은 산에서 잘 자란다. 그 밖에 가구 기둥감으로 쓰는 참죽나무는 울타리 옆이나 뒤뜰에 심고, 단단해서 연장 자루로 좋은 참나무와 박달나무는 아무 산에서나 잘 자란다.

우리 나무의 쓰임새를 알아 내고 찾아 쓸수록 우리 숲은 살아 있는 자원으로 그 가치가 더 높아질 것이다.

솎아베기와 가지치기

 나무가 곧고 굵게 자랄수록 목재로서 쓸모가 많다. 쓸 만한 판재를 얻으려면 나무 지름이 30cm는 넘어야 한다. 나무를 크게 잘 키우려면 숲도 가꾸고 나무도 가꾸어야 한다. 숲이 빽빽하면 나무가 위로만 자라고 굵어지지 않는다. 이럴 때는 키가 작고 굽은 나무부터 솎아 낸다. 또 풀과 덩굴이 많이 우거진 곳은 빛이 안 들어 나무가 자라기 어렵다. 덩굴은 치고 풀은 뿌리째 뽑아 낸다.
 가지치기는 나무 베기처럼 가을에서 겨울에 걸쳐 하는 것이 좋다. 가지가 너무 굵어지기 전에 자르고, 아래로 처졌거나 죽은 가지는 일찌감치 쳐낸다. 가지치기가 잘 된 나무는 옹이가 잘 아물어 목재로 쓰기 좋다. 옹이가 있는 자리는 나뭇결이 단단해서 대패질이나 톱질을 하기 어렵다.
 쓸모가 많은 나무는 일부러 심어 가꾸기도 한다. 옛날부터 딸을 낳으면 집 가까이에 오동나무를 심으라고 했다. 오동나무는 심은 지 15~20년이 되면 가구를 짤 만큼 자란다.

솎아베기

솎아베기 하기 전

솎아베기 한 뒤

가지 치기

바늘잎나무는 줄기에
바싹 붙여 반듯하게 자른다.

넓은잎나무는 가지 아래쪽이
줄기에 조금 남게 자른다. 자른 자리가
잘 아물지 않기 때문이다.

가지치기를 한 나무
가지치기를 제때에 잘 하면 옹이가
잘 아물어 밖으로 드러나지 않는다.

가지치기를 하지 않은 나무
가지치기를 하지 않아 줄기를 빙 둘러
옹이가 생겼다. 옹이가 크고 많아서
목재로 쓸 부분이 적다.

가지치기를 할 때 가지의 무게 때문에 줄기가 찢어질 수도 있다. 그럴 때는 먼저 아래쪽을 톱질한 다음 위에서 마저 자른다. 제때 가지치기를 하면 옹이가 잘 아물어 좋은 목재감이 될 수 있다. 그러나 상처가 잘 아물지 않는 벚나무나 느티나무는 가지치기를 하지 않는다.

나무 베기

 나무는 자라기를 멈추는 가을부터 초겨울 사이에 베는 것이 가장 좋다. 나무에 물이 오르는 봄과 여름에 나무를 베면 톱질한 자리에 파랗게 곰팡이가 끼고, 가구를 만든 다음에도 벌레가 잘 생기기 때문이다.
 큰키나무 밑동을 벨 때는 도끼나 큰톱을 쓰고, 잔가지를 치거나 작은 나무를 벨 때는 작은 도끼나 접이톱, 낫을 쓴다. 큰 나무를 톱질할 때는 두 사람이 함께 하는 것이 좋다.
 나무를 벨 때는 목재로 쓰기 좋게 되도록이면 밑동을 많이 남기지 않는다. 뿌리에서 30cm쯤 되는 자리를 벤다. 큰 나무는 껍질이 두껍기 때문에 먼저 도끼로 밑동의 껍질을 벗기는 것이 좋다. 나무를 베기 전에 먼저 나무가 넘어갈 자리를 정한다. 넘어갈 쪽의 밑동을 톱이나 도끼로 벤 다음 맞은편을 벤다. 베어 낸 통나무는 나르기 쉽게 잔가지도 치고 길이도 잘라 준다.

앞턱 따기
넘기려는 쪽을 앞턱이라 한다. 방향을 정한 다음 그 쪽에 먼저 도끼질한다. 깊이는 둥치의 절반이 못 되게 한다. 뒤턱을 앞턱보다 많이 따야 나무가 넘어가기 좋다.

나무를 쓰러뜨릴 방향

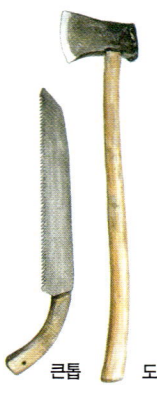

큰톱   도끼

도끼나 큰 톱은 나무를 벨 때 쓴다. 접이톱이나 손도끼는 가지치기에 알맞다. 덩굴이나 작은 나무를 쳐낼 때도 쓸모가 있다. 날이 선 연장은 날이 드러나지 않게 천이나 종이로 감싸서 들고 다닌다.

뒤턱 따기
반대쪽에도 턱을 낸다. 앞턱보다 조금 윗자리를 톱이나 도끼로 벤다. 나무 가운데를 2~3cm쯤 남겨 두면 나무가 갑자기 넘어가지 않고 천천히 넘어간다.

나무 넘기기
나무가 흔들리면 넘어지는 반대쪽으로 재빨리 자리를 피한다. 앞턱의 각과 깊이를 바로잡지 못하면 나무가 엉뚱한 방향으로 넘어갈 수 있어 위험하다. 피할 곳도 미리 살펴둔다.

잔가지 자르기
나무가 쓰러지면 잔가지를 쳐서 나르기 쉽게 한다. 손도끼나 접이톱, 낫도 쓸 수 있다. 뿌리부터 위쪽으로 올라가며 굵은 가지부터 친다.

통나무 나르기

　베어 낸 나무는 나르기 쉽게 270cm나 360cm 길이로 잘라서 한 곳에 모아 둔다. 산에서는 기계를 쓰기 어렵기 때문에 사람이 져 나르는 일이 많다. 작고 가벼운 나무는 혼자 어깨에 메거나 등에 져서 나르고 큰 나무는 여럿이 함께 나른다. 두 사람이 앞뒤로 서서 통나무를 어깨에 메기도 하고, 밧줄로 묶어 끌기도 한다. 모은 통나무는 트럭에 실어 제재소나 그 밖에 쌓아 둘 곳으로 옮긴다. 겨울에는 통나무를 눈길에 미끄럼을 태워 산 밑으로 내려 보낼 수도 있다.
　큰 나무를 베면서 쳐낸 잔가지와 떨기나무는 걷어다 살림살이나 연장 자루, 땔감 따위로 쓴다. 한데 모아서 나르기 좋게 끈으로 묶고, 끈이 없을 때는 칡덩굴 따위로 묶는다.

밧줄로 묶어 끌기
밧줄로 묶어 끌 때는 나무 토막을 밑에 받치면 통나무가 잘 미끄러져서 힘이 덜 든다.

어깨에 메고 나르기
나무처럼 무거운 짐을 들려면 반드시 먼저 무릎을 굽혀야 한다. 갑자기 무거운 것을 들어 올리면 허리를 다칠 수 있기 때문이다. 여러 사람이 같이 나를 때는 서로 호흡을 맞출 수 있도록 소리를 주고받는 것이 좋다. 나무 껍질에 긁히지 않게 어깨에 받침을 댄다.

지게
산에서 짐을 나를 때는 지게만 한 것이 없다. 지겟가지는 흔히 소나무로 만들고, 지겟작대기는 앵두나무나 복숭아나무, 물푸레나무로 만든다. 산에서 지는 지게는 다리가 짧아야 비탈진 곳에 세워 두기 좋고, 내리막길에서도 다리가 끌리지 않는다.

통나무 갈무리

통나무를 갈무리할 때 가장 중요한 것은 잘 말리는 일이다. 제대로 말리지 않으면 나무가 갈라지거나 속이 썩어서 목재로 쓸 수 없다. 두고두고 천천히 말릴수록 나무가 휘어지거나 갈라지지 않는다.

통나무를 말릴 때는 햇볕이 들지 않고 바람이 잘 통하는 곳에 쌓아야 한다. 땅바닥에 나무가 닿으면 썩기 때문에 바닥은 허드레 나무로 고인다. 마땅한 곳이 있으면 바닷물이나 민물에 담가 두었다 말려도 좋다. 물에 담가 두면 나무 수액과 진이 빠져서 목재로 쓸 때 틀어지거나 터지는 일이 덜하다.

집 짓는 데 쓸 나무는 벌레가 생기지 않도록 통나무의 껍질을 벗겨서 말린다. 껍질 안쪽에 벌레가 많기 때문이다. 가구를 짤 나무는 껍질째 말리는 것이 좋다. 껍질이 붙어 있으면 겉면이 갈라지거나 틀어지는 것이 덜하다. 가구를 짤 나무는 먼저 통나무로 한두 해쯤 말려 두었다가 껍질째 판재로 켜는 것이 좋다. 판재로 켠 뒤에도 오래 두고 말릴수록 좋은 목재가 된다.

통나무 쌓기
통나무를 말릴 때는 바람이 잘 통하면서도 비나 햇볕이 들지 않는 곳에 쌓는 것이 좋다. 나무가 흙에 닿지 않도록 바닥에 허드레 나무를 고인다.

바람이 잘 통하게 굵기가 다른 통나무들끼리 섞어서 쌓기도 한다. 흘러내리지 않도록 쐐기를 끼우거나 받침대를 세운다. 이때도 나무가 흙에 닿지 않게 허드레 나무를 고여야 한다.

깎낫

깎낫으로 껍질 벗기기

껍질 벗기기
껍질을 벗길 때는 나무가 마르기 전에 하는 것이 좋다. 베자마자 그 자리에서 벗기면 힘이 덜 든다. 깎낫, 훑이기, 밀이칼을 연장으로 쓴다.

밀이칼

훑이기

제재소

제재소는 통나무를 판재로 켜는 곳이다. 손으로 판재를 켜는 일은 더디고 힘이 많이 든다. 느티나무나 참죽나무처럼 단단한 나무는 손으로 켜기 어려우므로 기계로 해야 한다. 제재소에서는 통나무를 많이 사 두었다가 켜서 팔기도 하고, 사람들이 가져온 통나무를 돈을 받고 켜 주기도 한다. 새로 들어온 통나무와 말리고 있는 통나무, 그리고 켜낸 판재들이 곳곳에 더미를 이루고 있다.

목재 켜기

목재를 '켠다'는 것은 나이테가 있는 마구리에서 세로로 길게 톱질하는 것을 말한다. 통나무를 판재로 켤 때도 나무를 베는 때처럼 봄과 여름은 피하는 것이 좋다. 쇠가 닿은 자리에 물이 들어가면 파랗게 곰팡이가 피기 때문이다.

통나무를 판재로 켜는 방법은 크게 두 가지가 있다. 한쪽으로만 켜는 방법과 나이테 한가운데를 기준으로 네 쪽으로 나누어 켜는 방법이다. 한쪽으로만 켜는 방법은 톱질이 쉽고 넓은 무늿결 판재를 낼 수 있다. 네 쪽으로 나누어 켜는 방법은 일하기가 까다롭고 넓은 판재가 나오기 어렵지만 곧은결 판재를 많이 얻을 수 있다. 무늿결 판재는 마르면서 휘기 쉽지만 무늬가 좋으므로 가구의 판재감으로 좋고, 곧은결 판재는 성질이 곧아서 잘 휘지 않아 기둥감으로 쓰기 좋다. 우리 나라는 사계절이 있어 나이테가 뚜렷하고 나뭇결이 아름다운 나무가 많다. 가구를 짤 때도 그 나뭇결을 살려서 많이 쓴다.

햇볕을 고루 받고 둥글게 자란 나무는 어느 쪽에서라도 켜기 시작할 수 있다. 하지만 옹이가 있거나 쇠붙이가 있는 나무는 잘 살펴서 켜야 한다. 나무 속에 쇠붙이가 있으면 톱질할 때 톱니가 나갈 수도 있기 때문이다. 금속탐지기를 써서 골라 내기도 한다.

무늿결
무늿결은 나이테와 평행하게 톱질했을 때 드러나는 나뭇결이다. 나뭇결이 크게 휘어 있다. 넓은 판으로 켜서 아름다운 무늬를 쓴다. 곧은결보다 틀어지거나 휘기 쉽다.

곧은결
곧은결은 나이테의 중심에서 껍질까지 수직으로 톱질했을 때 드러나는 나뭇결이다. 나뭇결이 반듯반듯해서 곧고 단단한 기둥감으로 쓰면 좋다. 나무의 성질이 일정하므로 잘 틀어지지 않는다.

마구리
마구리는 길쭉한 토막이나 상자의 머리 면을 가리키는 말로, 목재에서는 나무의 나이테가 있는 면을 말한다.

한쪽으로만 켜기
제재소에서 판재를 켜는 가장 쉬운 방법으로 톱질하기도 쉽고 넓은 판재를 낼 수 있다. 무늿결 판재를 켜기에 좋다.

네 쪽으로 나누어 켜기
자를 때 손이 많이 가고 넓은 판재를 내기가 어렵다. 곧은결 판재를 켜기에 좋다.

판재 말리기

　켜낸 판재는 볕이 들지 않는 곳에서 비바람을 피해 천천히 말리는 것이 좋다. 너무 서둘러 말리면 나뭇결이 갈라진다. 옛날에는 쓸 만한 목재감이 생기면 그늘진 마루 밑에 쌓아 두고 뒤집어 가며 말렸다. 판재가 마르려면 적어도 석 달은 걸리는데, 길게는 5년, 10년까지도 지나야 한다. 그렇게 잘 마른 판재도 가구를 짤 때는 작업실의 습도와 온도에 따라 틀어지기도 한다. 작업실 밖에 두었던 나무는 쓰기 1주일에서 열흘쯤 전에 미리 작업실로 옮겨 두고 길을 들인 다음에 가구를 짠다.
　판재를 쌓을 때는 바람이 잘 통하도록 판재 사이에 각재를 넣어 우물 정(井)자로 쌓는다. 목재끼리 쌓아서 말리면 서로 눌러 주니까 틀어지거나 휘는 것이 덜하다. 또 많은 목재를 쌓을 수 있어 좋다. 나무 껍질이 붙어 있지 않은 옆면이나 마구리는 닥종이를 붙이거나 접착제를 발라, 판재가 마르면서 나뭇결이 갈라지는 것을 막는다. 오동나무는 세워서 말리는 것이 더 빨리 마르고 휘거나 틀어지는 일도 없다.
　목재에 흙이나 물이 묻으면 오랜 시간에 걸쳐 색이 바뀌거나 강도가 약해지므로 바닥에 허드레 나무를 깐 다음 쌓거나 세운다.

세워서 말리기
쌓아서 말린 다음, 쓰기 쉽게 세워 두기도 한다. 판재를 세워 두면 자리를 많이 차지하고 손은 많이 가지만 골라서 쓰기가 쉽다. 또 빨리 마르기 때문에 급히 목재를 써야 할 때는 처음부터 세워서 말리기도 한다. 땅바닥에 나무가 닿지 않게 하고 때때로 뒤집어 준다.

쌓아서 말리기

가구를 짤 목재는 먼저 통나무로
1~2년쯤 말렸다가 판재로 켜서
좀 더 말린다. 마구리 쪽이
갈라지지 않도록 마구리에 접착제를
바르거나 닥종이를 붙이기도 한다.
땅에 닿지 않게 바닥에
허드레 나무를 고이고 지붕 밑에
우물 정(井) 자로 쌓아서 비를 맞지 않게 한다.

나무 삶기

나무를 물에 삶거나 찌면 빨리 마른다.
1년쯤 말리면 쓸 수 있다. 삶을 때는 목재가 물에
뜨지 않도록 무거운 돌 따위로 눌러 놓는다.
참죽나무는 물에 삶아서 말리면 나무 색도 좋아지고
빨리 마르지만, 소나무는 삶으면 색도 빠지고
결도 나빠져서 응달에 쌓아 말리는 것이 가장 좋다.

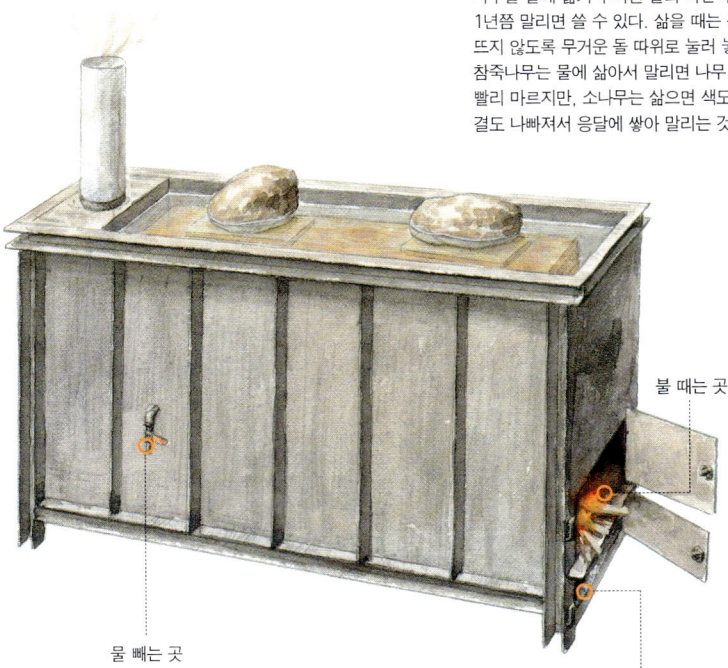

불 때는 곳

물 빼는 곳

재 긁어 내는 곳

목재 구조

목재는 나무의 줄기나 굵은 가지에서 나온다. 줄기는 나무를 세워 주는 뼈대이고 뿌리에서 빨아올린 물과 잎에서 만들어 낸 양분이 오르내리는 길이다. 줄기는 해마다 조금씩 굵어지는데, 껍질 바로 안쪽에 있는 부름켜가 해마다 세포 분열을 일으켜 나이테를 늘려 가기 때문이다. 줄기가 굵을수록 큰 목재가 나온다.

나이테는 나무를 자르면 나타나는 둥근 테다. 나무가 한 해 동안 자란 흔적으로, 옅고 넓은 줄과 짙고 좁은 줄로 이루어진다. 옅은 줄은 봄에 만들어져 춘재라 하고, 짙은 줄은 여름에 만들어져 하재라고 한다. 춘재는 세포 분열이 왕성한 봄철에 생겨 폭이 넓고 성질이 무르며, 하재는 세포 분열이 느려지는 여름철에 생겨 폭이 좁고 성질이 단단하다. 나이테를 셀 때는 두 줄을 합쳐 한 해로 친다. 나이테는 계절이 바뀌면서 생기는 것으로 계절이 달라지는 온대나 한대 지방에서 자라는 나무에서만 생긴다. 늘 여름인 열대 지방에서도 우기와 건기에 따라 희미한 테가 생기지만 나이테는 아니다. 나무가 더디게 자라 나이테가 좁을수록 성질이 단단하고 잘 휘지 않아 목재로 쓰기 좋다.

줄기가 굵은 나무를 베어 보면 바깥쪽부터 껍질과 변재, 심재를 차례대로 볼 수 있다. 변재는 껍질과 가까이 있으며 심재보다 색이 밝고 성질이 무르다. 심재는 줄기 중심에 가깝고 색이 짙다. 성질이 단단해서 변재보다 뒤틀림이 덜하다. 심재는 변재의 세포들이 죽어서 만들어지는 것으로, 나이가 많을수록 심재는 점점 굵어지고 변재의 두께는 거의 일정하다. 변재는 겉나무, 심재는 속나무라고도 한다.

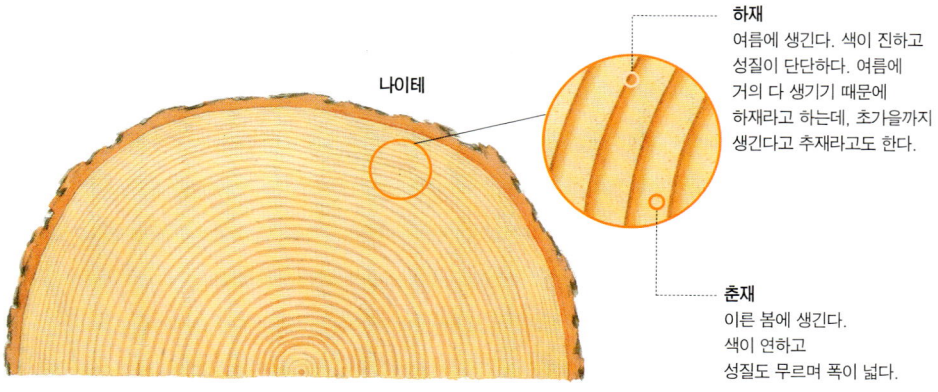

나이테

하재
여름에 생긴다. 색이 진하고 성질이 단단하다. 여름에 거의 다 생기기 때문에 하재라고 하는데, 초가을까지 생긴다고 추재라고도 한다.

춘재
이른 봄에 생긴다. 색이 연하고 성질도 무르며 폭이 넓다.

변재
껍질 바로 안쪽을 말하며 심재보다
색이 밝고 물기가 많으며 성질이 무르다.
심재와 변재의 색이 뚜렷하게 다른 나무도 있고,
비슷한 나무도 있다.

줄기

부름켜
나무 껍질 바로 안쪽에 있으며
아주 얇아서 눈으로 보기는 어렵다.
부름켜에서 일어나는 세포 분열로
나무는 점점 굵어진다. 형성층이라고도 한다.

나무 껍질
껍질 안쪽의 색이 밝고 말랑말랑한 곳은
양분이 오르내리는 길이다. 거칠거칠한
바깥쪽은 안쪽 껍질이 죽어서 만들어진다.

심재
줄기 중심에 가깝고 색이
짙으며 변재의 살아 있는 세포가
죽어서 만들어진다. 성질이
단단해서 변재보다 뒤틀림이
덜하다.

그루터기

갈라지고 휘어지는 목재

목재는 안에 있는 물기가 마르면서 흔히 휘거나 갈라진다. 마르면서 목재가 줄어들기 때문이다. 한쪽만 빨리 마르면 그쪽으로 목재가 휘면서 오그라들고, 속보다 겉이 너무 빨리 마르면 겉면이 갈라진다. 또 목재의 앞, 뒤, 옆면이 저마다 따로 마르면서 비틀어지기도 한다. 목재가 휘거나 갈라지지 않게 하려면 그늘에서 천천히 오래 말려야 한다. 때때로 뒤집어 주거나 위에다 무거운 것을 올려 두기도 한다. 잘 마른 목재로 짠 가구도 장마철에는 나무가 늘어나 문짝이 빡빡해지고, 건조한 겨울에는 나무가 줄어들어서 헐거워진다.

같은 나무에서 켠 판재라도 나이테의 어디를 켰느냐에 따라 휘거나 줄어드는 정도가 다르다. 목재를 말리면 길이 쪽으로는 거의 줄지 않고, 너비 쪽으로 휘거나 줄어드는 일이 많다. 또 나뭇결에 따라서도 휘는 정도가 다르다. 바깥쪽에 가까운 무늿결 판재일수록 휘는 일이 많고, 성질이 일정한 곧은결 판재는 쉽게 휘지 않는다.

목재는 갈라지고 휘어질 뿐 아니라 벌레가 파 먹기도 하고 곰팡이가 피기도 한다. 곰팡이는 나무에 물이 오르는 봄철과 여름철에 나무에 톱질을 하면 피기 쉽다. 버드나무나 오동나무처럼 무른 나무에 더 잘 생긴다.

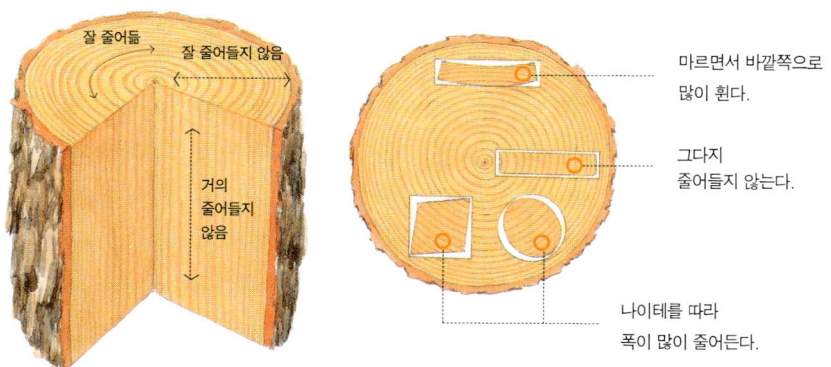

나무는 나이테를 따라 가장 많이 줄어든다.
길이 쪽은 줄어드는 일이 거의 없다.
또 곧은결로 켰을 때도 그다지 줄지 않는다.

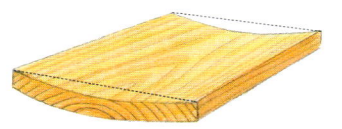

너비굽음
무늿결 판재는 나이테를 따라 바깥쪽으로 많이 휜다. 바깥쪽이 연하고 부드러워서 더 빨리 마르고, 나이테를 따라 많이 줄어들기 때문이다. 판재는 빨리 마른 쪽으로 오그라들면서 굽게 된다. 판재를 뒤집어서 무거운 것으로 눌러 주면 굽은 것이 펴지기도 한다.

비틀림
나무가 고르게 마르지 않으면서 비틀어졌다. 나무를 여러 겹으로 쌓아 두거나 무거운 것으로 눌러 두면 다시 판판해진다.

벌레 먹은 나무
나무에 벌레가 생겨 구멍이 숭숭 뚫렸다. 벌레는 나무가 살아 있을 때도 생기고 목재로 켜서 말린 다음에도 생긴다. 다른 목재로 옮겨 가기도 한다.

목재에 핀 곰팡이
쇠가 닿은 자리에 곰팡이가 피면서 파랗게 색이 들었다. 목수들은 '청태가 끼었다'고도 하고, '청티가 났다'고도 한다. 가구 뒤판이나 아래판처럼 드러나지 않는 곳에 쓴다. 오히려 곰팡이 색을 무늬로 살려 쓸 때도 있다.

옹이
옹이는 줄기에 가지가 달렸던 흔적이다. 옹이가 있는 자리는 나뭇결이 단단해서 대패질이나 톱질이 어렵다.

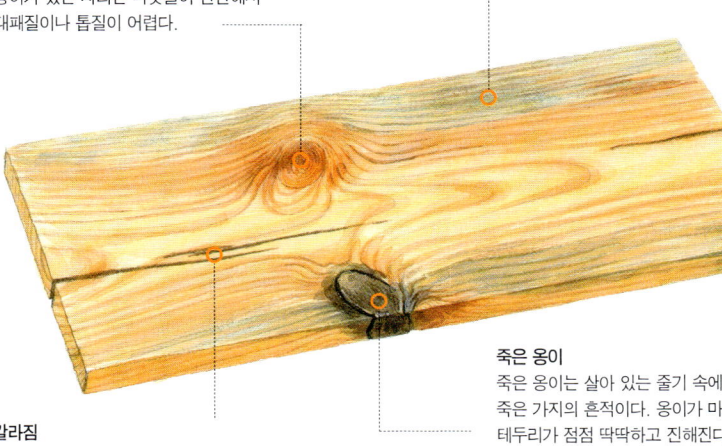

죽은 옹이
죽은 옹이는 살아 있는 줄기 속에 남은 죽은 가지의 흔적이다. 옹이가 마르면서 테두리가 점점 딱딱하고 진해진다. 테두리가 까맣게 되면서 옹이가 빠지기도 한다. 죽은 옹이가 있으면 목재로 쓰기 어렵다.

갈라짐
갑자기 햇볕을 쬐거나 열을 받으면 겉이 속보다 빨리 마르면서 나무가 갈라진다. 햇볕이 안 드는 그늘에서 오래도록 말려야 갈라지는 것을 막을 수 있다.

판재로 쓰는 나무

판재는 판판하고 넓게 켠 목재로, 너비가 두께의 네 배를 넘는다. 네 배가 못 되면 각재로 친다. 넓게 켜도 잘 휘거나 틀어지지 않는 나무나, 무늬가 좋은 나무로 만든다. 가구의 앞판이나 옆판, 책상의 위판 따위로 많이 쓴다. 쓸 만한 판재를 얻으려면 나무 지름이 30cm는 넘어야 한다.

판재로 많이 쓰는 나무에는 느티나무, 오동나무, 피나무, 은행나무, 감나무 같은 나무가 있다. 오동나무는 가벼우면서 습기를 막아 주고 좀벌레가 생기지 않아 책장이나 옷장을 만드는 판재로는 으뜸이다. 피나무나 은행나무도 가볍고 잘 틀어지지 않아 판재로 쓰기 좋다. 단풍나무는 아름드리로 크게 자라지는 않지만 색이 곱고 무늬가 좋아 무늬목으로 많이 쓴다.

소나무 판재
책상을 짜려고 마름질한 소나무다.
소나무는 판재나 각재, 무엇으로든 쓰기 좋다.

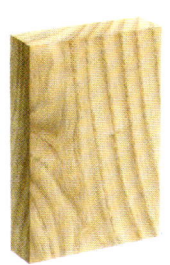 

오동나무
가벼우면서도 잘 틀어지지 않는다.
벌레가 먹지 않고 물에 닿아도
썩지 않는다. 판재가 좁으면 아교로
붙여서 넓게 만들어 쓴다.

단풍나무
질기고 나뭇결이 예뻐서 작은 살림살이나
공예품을 만들어 쓴다. 크게 자라는 나무가
드물어서 넓은 판재를 구하기는 어렵다.
조각할 때도 쓰고 무늬목으로도 쓴다.

은행나무
가볍고 탄력이 좋아서
잘 뒤틀리지 않는다.
연노란 빛깔이 곱고 윤이 나서
보기가 좋다.
밥상을 만들 때 가장 많이 쓰며,
반닫이나 궤를 짤 때도 쓴다.

피나무
가벼우면서도 잘 뒤틀리지 않는다.
목재 면이 부드럽고
흰빛이 나서 보기 좋다. 판재로 켜서
궤짝을 짠다. 함지나 떡판 같은
부엌 살림살이를 만들기도 한다.
다루기가 좋아 속을 파내고 그릇으로
만들어 썼다.

박달나무
우리 나라 나무 가운데
무겁고 단단하기가 으뜸이다.
물에 가라앉을 정도로 무겁다.
방망이나 홍두깨
같은 것을 만들면 좋다.

소나무
나무가 단단하고 나뭇결이 곱다.
송진이 있어 냄새가 좋고
잘 썩지 않는다. 판재나 각재로
두루 쓸 만하다.

느티나무
목재 가운데 으뜸으로 친다.
무늬가 곱고 단단한데다 아름드리로
잘 자라서 큰 판재를 구할 수 있다.
휘거나 뒤틀리지 않고, 썩거나 벌레가
생기지 않는다.

감나무
단단하고 탄력이 있다.
목재 면은 매끄러우면서 치밀하다.
나무 속에 검은 무늬가 있으면
먹감나무라고 하여 귀하게 여긴다.

각재로 쓰는 나무

각재는 너비와 두께를 비슷한 길이로 쪼갠 목재를 말한다. 집을 지을 때 쓰는 기둥처럼 두껍게 쪼개기도 하고, 가구의 기둥이나 쇠목처럼 가늘게 쪼개기도 한다. 각재감으로는 단단하면서도 결이 고르고 잘 휘지 않는 나무가 좋다. 곧게 자란 나무일수록 가구 뼈대로 썼을 때 휘지 않는다.

각재로 많이 쓰는 나무에는 소나무, 참나무, 참죽나무, 가래나무, 호두나무 같은 나무가 있다. 소나무는 판재로 써도 좋고 각재로 써도 좋다. 전나무는 나뭇결이 곧고 가벼워서 창틀이나 문살을 짜기에 안성맞춤이고, 참죽나무나 호두나무는 성질이 단단해서 가구 기둥감으로 아주 좋다.

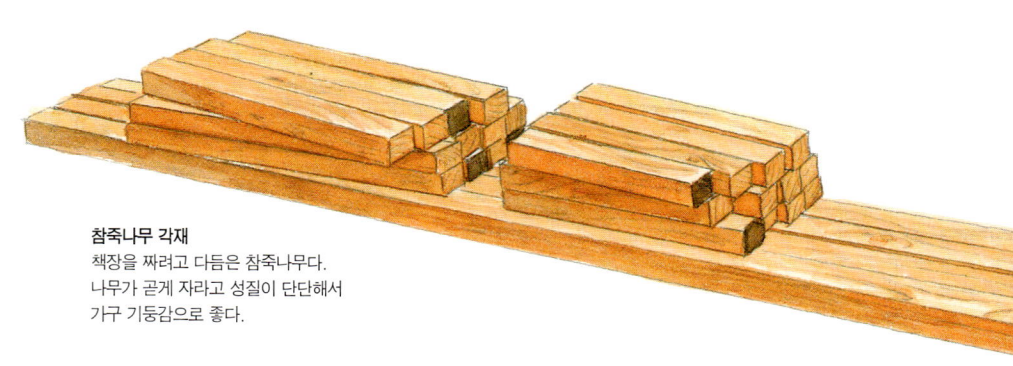

참죽나무 각재
책장을 짜려고 다듬은 참죽나무다.
나무가 곧게 자라고 성질이 단단해서
가구 기둥감으로 좋다.

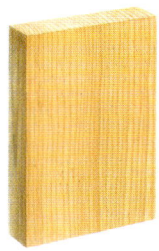

소나무
나무가 단단하고 나뭇결이 곱다.
송진이 있어 잘 썩지 않고 냄새가 좋다.
집을 지을 때 기둥감으로도
쓰고 책장이나 옷장의 뼈대를 세울 때도
많이 쓴다.

금강송
소나무보다 좀 더 붉고 나이테가 촘촘하다.
잔가지가 없어 옹이도 없고, 곧게 자라서
소나무 종류 가운데 으뜸으로 친다.
경상북도 봉화군 춘양면 둘레의
산에서 벤 금강송은 춘양목이라고도 한다.

잣나무
소나무 목재와 비슷한데 색이 붉어
홍송이라고도 한다. 소나무보다
송진이 많고 마른 뒤에도 갈라지거나
휘어지는 일이 적다. 소나무처럼
집을 지을 때 기둥으로도 쓰고,
배를 무을 때도 쓴다.

참죽나무
무겁고 단단하다. 휘거나 뒤틀리지 않고
물에 닿아도 잘 썩지 않는다.
색은 붉고 무늬가 뚜렷하다. 나무가
곧고 크게 자라기 때문에 가구를 짤 때
뼈대로 쓴다.

호두나무
질기고 단단하다. 탄력이 좋고
물에 젖어도 갈라지거나 비틀어지지
않는다. 가구 뼈대로 많이 쓴다.
윤이 나서 공예품을 만들어도 좋다.

가래나무
아주 질기고 단단하다. 호두나무보다
더 단단하다. 잘 뒤틀리지 않고
윤이 난다. 장롱을 짜거나
반닫이나 문갑, 소반 따위를 만들어도
좋다.

전나무
가벼우면서도 잘 뒤틀리지 않는다.
창틀이나 문살을 짜는 데 많이 쓴다.
목재 면이 반질반질하고
부드러우면서 색이 밝다.

가공목

가공목은 목재를 좀 더 쉽게 쓰기 위해 나무 조각이나 부스러기를 붙여서 판재로 만든 것이다. 가공목에는 집성목, 합판, 엠디에프(MDF), 파티클보드 따위가 있다.

집성목은 작은 나무 조각을 이어 붙여서 만든 것이다. 원목과 마찬가지로 휘거나 뒤틀릴 수 있다. 엠디에프나 합판보다는 비싸지만 원목보다는 싸다. 집성목으로 많이 쓰는 나무에는 잣나무, 스프러스, 미송 같은 것이 있다. 참나무, 단풍나무, 물푸레나무, 느릅나무도 집성목으로 만들어 쓸 수 있다. 학생용 가구, 식탁, 의자, 침대를 만든다.

합판은 나무를 얇게 켜서 여러 겹 붙인 것이다. 결을 엇갈려서 붙이기 때문에 휘거나 뒤틀림이 덜하고 단단하다. 집성목보다 싸다. 겉이 거칠어서 가구를 만들 때 잔손이 많이 간다. 가구 뒤판에 많이 쓴다.

파티클보드는 통나무를 자르거나 다듬을 때 남은 조각을 잘게 부수어 접착제로 붙인 것이다. 합판보다는 약하지만 휘거나 뒤틀리지 않고 큰 판을 만들 수 있어서 좋다. 겉면에 나뭇결 무늬의 종이나 필름을 발라서 많이 쓴다. 싱크대나 책상으로 만들어 쓴다.

엠디에프는 톱밥이나 나무 자투리를 갈아서 접착제로 붙인 것이다. 엠디에프는 기계로 자르거나 다듬기 좋고, 값이 싸기 때문에 여러 가지 가구를 만들 때 두루 쓴다. 다만 잘 쪼개지고 무겁다. 또 무거운 것을 올려 두거나 눅눅한 곳에 오래 두면 휘기도 한다.

무늬목
무늬가 좋은 목재를 종이처럼 얇게 켜낸 것이다. 엠디에프나 합판의 겉면에 붙여서 원목과 같은 느낌을 낼 때 쓴다.

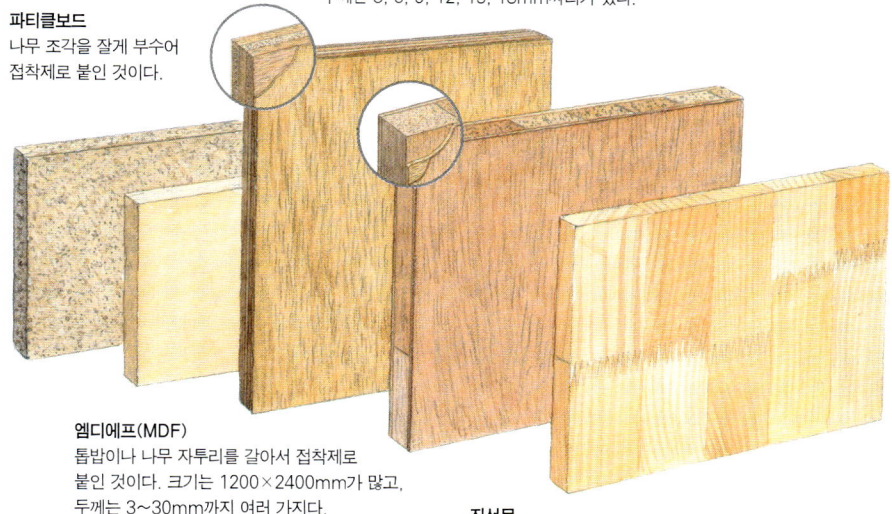

합판
나무를 얇게 켜서 여러 겹 붙인 것이다.
가구를 만들 때 가장 많이 쓰는 판재는 1200×2400mm다.
두께는 3, 6, 9, 12, 15, 18mm짜리가 있다.

파티클보드
나무 조각을 잘게 부수어 접착제로 붙인 것이다.

엠디에프(MDF)
톱밥이나 나무 자투리를 갈아서 접착제로 붙인 것이다. 크기는 1200×2400mm가 많고, 두께는 3~30mm까지 여러 가지다.

집성목
작은 나무 조각을 붙여서 넓게 쓰기도 하고, 길게 쓰기도 한다. 크기는 1220×2045mm까지 있고, 900×2300mm을 가장 많이 쓴다.
두께는 12, 15, 18, 24, 30mm가 있는데 가구를 만들 때에는 18mm보다 두꺼운 것을 많이 쓴다.

목재의 치수

제재소나 목재소에서 미리 잘라 놓은 판재를 구하려면 목재 치수를 알아야 한다. 목재를 잴 때는 m, cm, mm를 가장 많이 쓴다. 이 밖에 자, 치, 푼과 같은 우리 나라 옛날 단위나 인치와 같은 단위를 쓰기도 한다. 한 '푼'은 3mm, 한 '치'는 3cm, 한 '자'는 30.3cm와 같다. '자'는 '척'이라고도 한다. 목재의 길이는 30cm씩 길어지고, 두께는 3mm, 3cm씩 두꺼워진다. 목재를 사고 팔 때는 재(才)를 단위로 한다. 360cm길이에 가로3cm×세로3cm를 1재(才), 1사이라고 한다. 같은 목재라 해도 너비가 30cm가 넘는 것은 구하기 어렵기 때문에 값이 아주 비싸다.

목수 연장

목공 작업실
목수 연장
작업대
자
그무개
톱
대패
끌
망치
송곳, 드릴
조임쇠
조각칼
도끼, 자귀
숫돌
줄, 환
풀
사포
전기 드릴
스크롤 톱
직소
트리머

목공 작업실

끌, 자, 망치, 그무개 같은 연장은 벽에 자리를 정해 놓고 걸어 두면 좋다.

틀톱처럼 부피가 큰 것은 따로 걸어 둔다.

가구의 수평을 재는 수평대다. 길고 반듯한 판으로 만들었다. 다 짠 가구를 얹어서 수평이 맞는지 살필 때 쓴다. 가구 여러 벌의 수평을 같이 맞추려면 되도록 긴 것이 좋다.

목수가 가장 많이 쓰는 작업대다. 서서 대패질이나 끌질을 한다. 아래쪽에는 서랍이 달려 있어 크기가 작은 연장이나 재료를 갈무리하기 좋다. 목수 허리 높이에 맞게 짠다.

난로에 불을 때서 작업실을 덥히거나 습기를 없애고, 아교를 끓이기도 한다. 대팻밥이나 톱밥을 모아 태워도 좋다.

등받이 없는 낮은 의자다. 임시 작업대로 쓸 수도 있다.

집 안에 작업실을 따로 두기는 쉽지 않다. 그렇지만 마당 한 구석이나 발코니 한 쪽에라도 빈 자리가 있나 찾아보자. 작업대는 작업실에 맞추어 만들거나 구한다. 일에 따라 작업대 크기와 높이를 달리 하는 것이 좋다. 날이 달린 연장들은 날이 부딪히지 않도록 뉘어 두거나 걸어서 갈무리한다.

나무를 다루기 때문에 작업실은 무엇보다 습도가 중요하다. 습도가 너무 높으면 나무가 늘어나고, 습도가 낮으면 나무가 줄어든다. 그래서 여름에도 습도가 너무 높을 때는 일부러 불을 때기도 한다.

목공 작업실에는 먼지가 많다. 창을 열어 자주 공기를 바꾸고, 환풍기도 다는 것이 좋다.

사개맞춤을 하려고 촉을 낸 판재들이다. 뒤에 있는 것은 아름드리 느티나무에서 나온 목재다.

붕어톱, 등대가톱, 실톱과 같은 여러 가지 톱과 아교가 걸려 있다.

의자에 앉아서 눈높이에 맞추어 톱질하기 좋은 작업대다. 짜 맞춤에 쓰는 고운 톱질은 눈높이에서 해야 정확하다.

써야 할 목재를 1주일에서 열흘쯤 미리 작업장에 들여와 온도와 습도에 적응하도록 한다.

들어서 자리를 옮겨 가며 쓸 수 있는 작업대다. 가구를 짜 맞출 때나 톱질할 때 많이 쓴다. 낮은 의자에 앉아 일하기에도 좋다.

조화신 목수의 작업실

목수 연장

나무를 다루는 목수 연장에는 톱, 대패, 끌, 자 따위가 있다. 전기로 움직이는 연장도 구하기 쉽고 흔하게 쓰지만, 나무 자루에 쇠날을 달아 쓰는 손연장이 목수 연장의 기본이라고 할 수 있다. 손연장은 기계 연장보다 싸고 안전하다. 또 소음이 적고 톱밥이나 먼지도 덜 날린다. 처음에는 다루기 어려워도 자주 쓰다 보면 섬세하고 복잡한 일에도 쓸 수 있다.

손연장이든 전기 연장이든 연장을 다룰 때는 서두르지 않는다. 무엇보다 전기 연장은 속도가 빨라서 위험하다. 늘 안전 장비를 갖춘 다음 전기선을 몸 뒤쪽에 두고 써야 한다. 쓰는 법도 미리 꼼꼼히 알아 둔다. 연장을 쓰고 난 뒤에는 날끼리 부딪히지 않도록 뉘어 두거나 걸어 둔다.

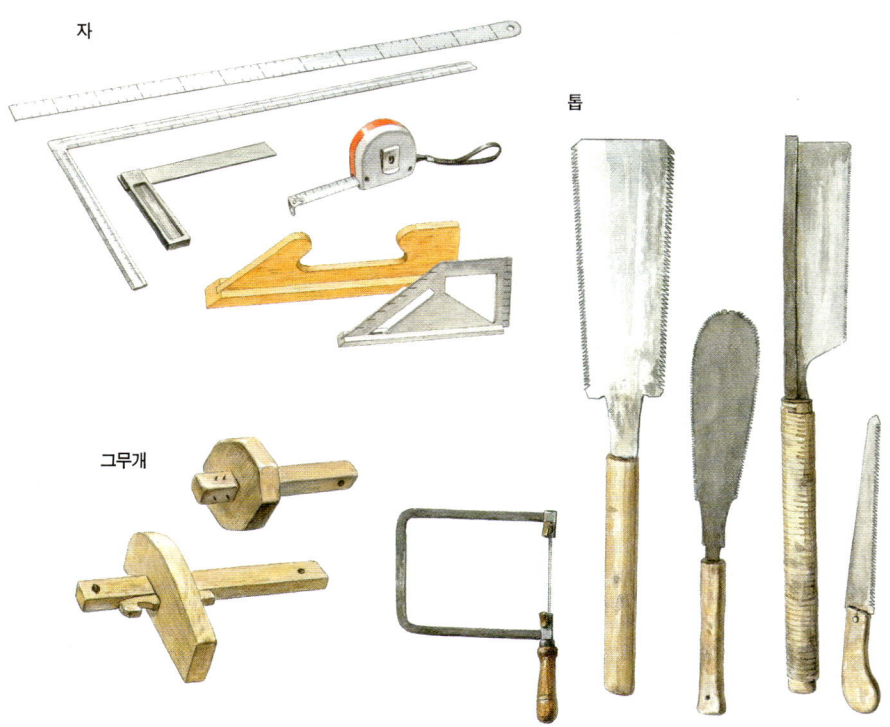

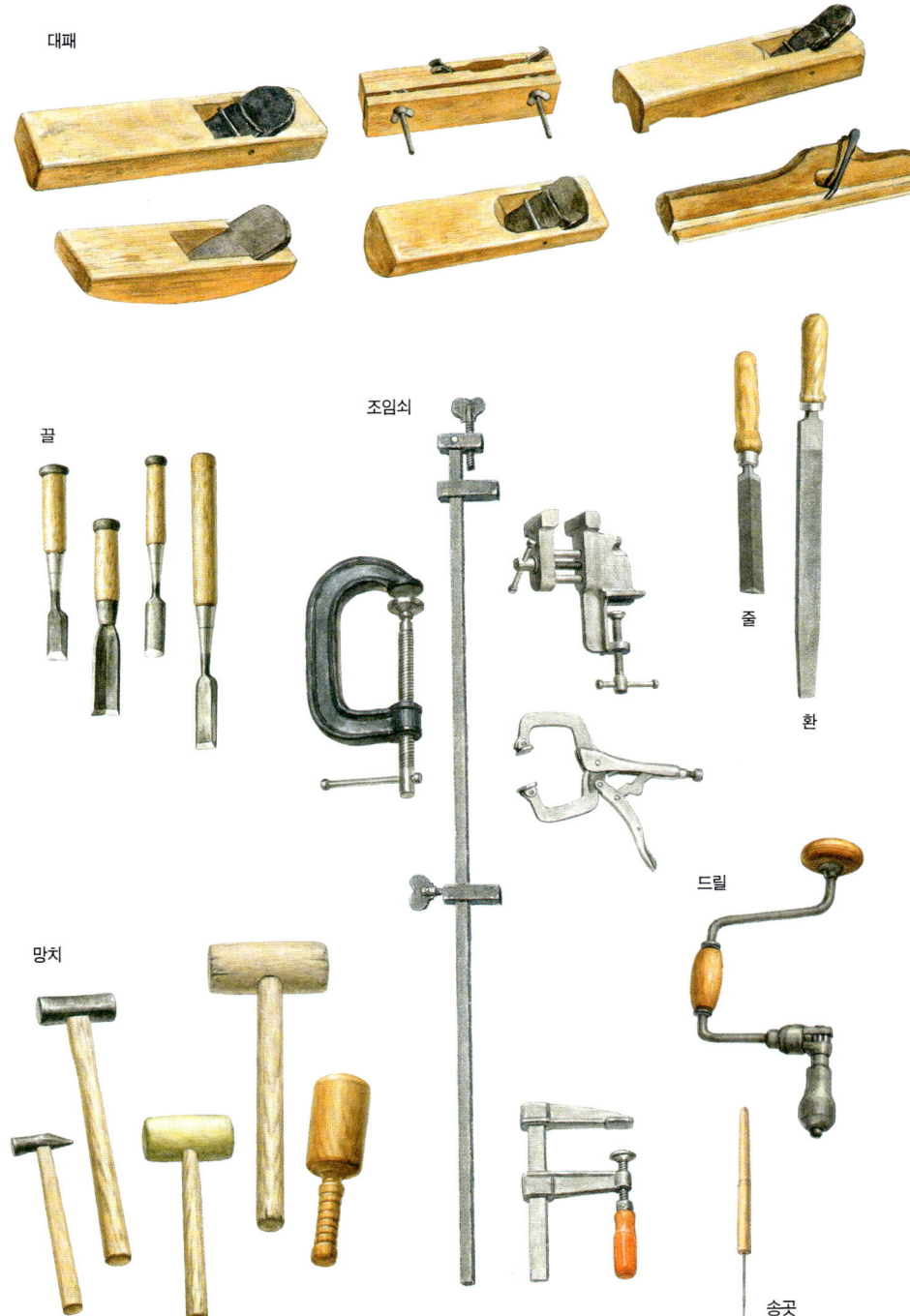

작업대

작업대는 상판이 반듯하고 다리가 흔들리지 않아야 한다. 또 높이가 적당해서 허리가 편안해야 한다. 작업대의 높이가 맞지 않으면 팔 다리, 어깨에 힘이 들어간다. 작업대 아래쪽에는 서랍이나 선반을 두어 연장을 갈무리하면 좋다. 서랍을 만들면 사포나 자같이 날이 없는 자잘한 연장을 넣을 수 있다. 그뿐 아니라 서랍은 작업대가 흔들리지 않게 잡아 주기도 한다.

작업대는 하는 일에 따라 높이를 맞춰 쓰는 것이 좋다. 대패질은 작업대 위에 양판을 얹고 서서 하고, 톱질은 낮은 작업대에서 허리를 숙여서 할 때가 많다. 또 짜 맞춤을 하기 위한 톱질은 목재를 눈높이에 두고, 앉아서 해야 정확하다.

양판
대패질할 때 목재 밑에 받치는 판판하고 길쭉한 나무 판자다. 작업대에 구멍을 뚫고, 양판 아래쪽에 나무 막대를 달아 양판이 움직이지 않게 한다. 들어낼 수도 있다.

걸턱
양판 위에 박은 나무 턱으로 뾰족한 날이 박혀 있다. 목재를 꽂아 움직이지 않게 할 때 쓴다. 나무 두께에 따라 걸턱 높낮이를 조절할 수 있다.

작업대 · 1500 × 800 × 750mm
양판 · 1600 × 200 × 80mm

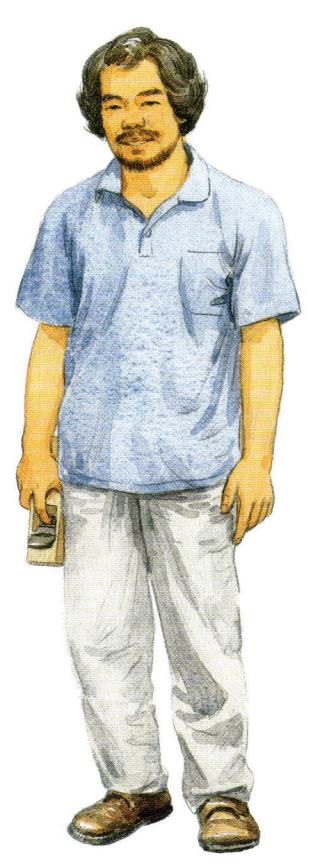

일하는 옷
나무를 만지다 보면 톱밥이며
대팻밥 따위가 옷에 많이 달라붙는다.
나무 부스러기가 잘 털리는 옷감에
장식이 없는 편한 옷을 입는다.
앞치마를 둘러도 일하기 좋다.
신발은 발등이 덮이는 것으로
끈이 없으면 더 좋다.

방진 마스크

보호 안경

얼굴 보호 장비

안전하게 일하기
일을 할 때 가장 중요한 것은 안전이다.
나무 조각이 튈 수도 있고, 쇠붙이에 손을 벨 수도 있다.
연장을 다룰 때는 시간을 두고 느긋하게 일을 한다.
서두를수록 다치기 쉽다. 전기 연장은 움직임이
빨라서 더 위험하다. 쓰는 법을 잘 익힌 뒤에 침착하게
써야 한다. 보호 안경이나 마스크를 꼭 쓰자.

자

자는 길이, 너비, 깊이, 두께 따위를 재거나 선을 그을 때 대고 쓰는 연장이다. 자의 생김새에 따라 곧은자, 직각자, 줄자, 연귀자, 자유 각도자가 있다. 반듯한 것을 잴 때는 곧은자를 많이 쓰고, 직각을 재거나 직각으로 선을 그을 때는 직각자, 넓은 면을 잴 때는 줄자를 쓴다. 자는 나무나 플라스틱, 쇠로 만든다. 쇠자는 눈금이 또렷해서 목수들이 즐겨 쓴다.

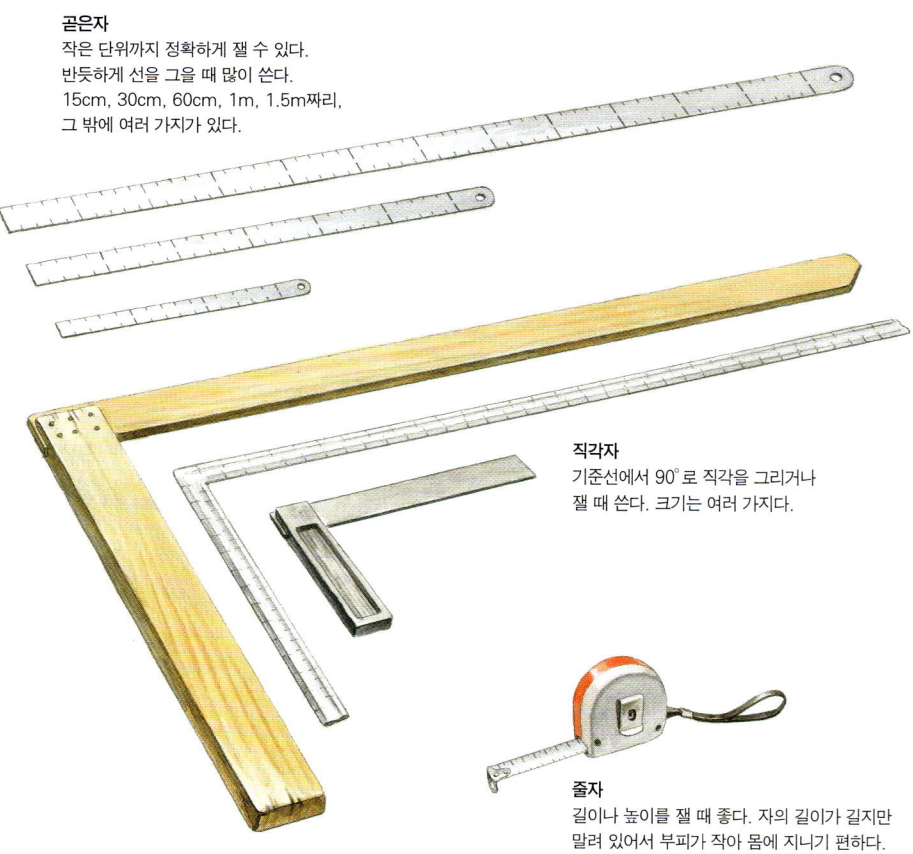

곧은자
작은 단위까지 정확하게 잴 수 있다.
반듯하게 선을 그을 때 많이 쓴다.
15cm, 30cm, 60cm, 1m, 1.5m짜리,
그 밖에 여러 가지가 있다.

직각자
기준선에서 90°로 직각을 그리거나
잴 때 쓴다. 크기는 여러 가지다.

줄자
길이나 높이를 잴 때 좋다. 자의 길이가 길지만
말려 있어서 부피가 작아 몸에 지니기 편하다.
3m, 3.5m, 5m, 7m짜리를 많이 쓴다.

연귀자
한쪽은 45°로 되어 있고, 다른 쪽은 90°로 되어 있다.
45°와 90°에 맞춰 선을 긋거나 각도가 맞는지 잴 때 쓴다.
사선으로 톱질할 때도 많이 쓴다. 쇠나 플라스틱으로
만들어 파는 것도 있고, 목수가 손수 나무로 만들어 쓰기도
한다. 손으로 쥐기 쉽게 구멍을 내거나 모양을 내서 깎는다.

자유 각도자
각도기로 각을 맞춘 다음 여러 개의
목재를 같은 각도로 맞출 때 쓴다.
각도기로 재기 어려운 각을 재서 옮길
때도 좋다.

창칼
자로 잰 다음 선을 긋는 데 쓰는 칼이다.
연필로 긋는 것보다 자르기 쉽고 선이 깨끗하게
그려진다.

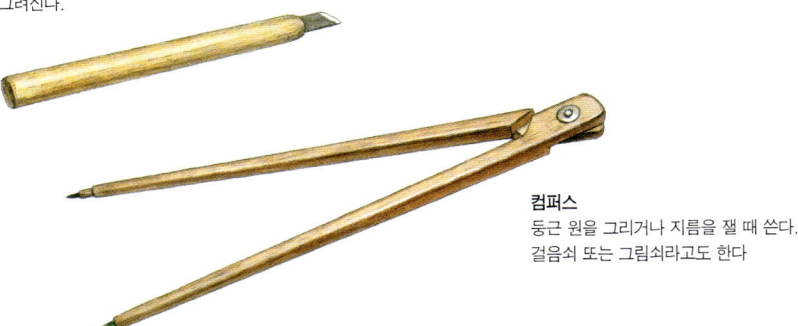

컴퍼스
둥근 원을 그리거나 지름을 잴 때 쓴다.
걸음쇠 또는 그림쇠라고도 한다

자 | 곧은자, 직각자 쓰기

목재를 쓰려는 크기에 맞추어 재고 자르는 일을 마름질이라고 한다. 마름질을 하려면 먼저 그늘에서 잘 말려 둔 목재를 열흘쯤 전에 작업장 안으로 들여놔야 한다. 목재가 작업장의 온도와 습도에 익숙해져야 하기 때문이다. 그리고 목재를 꼼꼼히 살펴서 쓸 곳을 정하고, 마름질 계획을 세운다.

마름질은 한 번에 하지 않고 초벌, 재벌로 나누어 한다. 일을 하는 사이에도 목재가 마르고 틀어질 수 있기 때문에 초벌 마름질에서는 크기를 넉넉하게 해야 한다. 옹이가 진 곳은 잘라 내고 결이 고운 면이 앞으로 드러나게 쓴다. 곰팡이가 피거나 결이 곱지 못한 목재는 드러나지 않는 곳에 쓸 수 있다.

직각자는 직각을 맞추어 선을 긋거나 상자 따위의 모서리각을 잴 때 쓴다.

판재 마름질하기

1

판재의 한쪽 끝에 직각자를 대고 선을 긋는다.
홈이 있는 데는 잘라 낸다.

2

잘린 마구리 쪽에 줄자를 걸어 길이를 잰 다음 맞은편
마구리도 톱으로 자른다. 두세 곳을 재서 점을 찍은
다음 서로 이어야 정확하다. 초벌 마름질에서는
3~5cm쯤 넉넉하게 자르는 것이 좋다.

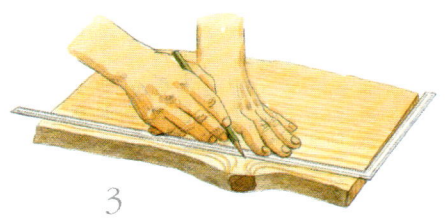

3

양쪽 마구리를 잘라 낸 판재는 직각자로
선을 그은 다음 옆면도 반듯하게 자른다.
옹이는 잘라 내는 것이 일하기 편하다.

4
반대쪽 옆면도 마찬가지로 자른다.
사방을 반듯하게 자른 판재는 아래윗면을
대패로 다듬는다.

5
곧은자를 대고 대패질한 목재 면이
판판한지 살핀다.

6
초벌 마름질을 한 목재는
다시 정확하게 재벌 마름질을 해서 가구를 짠다.

직각자 쓰기

상자가 제대로 짜졌는지 알아볼 때는 모서리 안쪽에 직각자를 대고 각이 맞는지 맞춰 본다. 직각자의 각이 정확한지 알아보려면, 기준면이 반듯한 목재에 직각자를 대고 선을 그은 다음 직각자를 뒤집어서 다시 대 본다.

직각자로 모서리 맞춰 보기

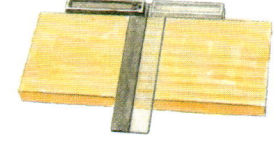

직각자 확인하기

자 | 연귀자 쓰기

가구를 짜 맞추는 방법 가운데 연귀맞춤[136]이란 것이 있다. 연귀맞춤은 모서리를 사선으로 맞붙이는 방법이다. 결이 이어지고 나무의 마구리가 보이지 않기 때문에 보기에 깔끔하다. 연귀맞춤에 쓸 목재를 다듬을 때는 연귀자를 쓰면 일이 쉽다. 연귀자말고도 연귀통이나 연귀판을 함께 만들어 쓰면 좋다. 연귀자를 목재에 대고 금을 긋거나 톱질을 하고, 연귀통은 통 안에 각재를 넣어 톱질할 때 쓴다. 연귀판은 판재나 각재를 비스듬하게 대패질하거나 연귀자를 다듬을 때 쓴다.

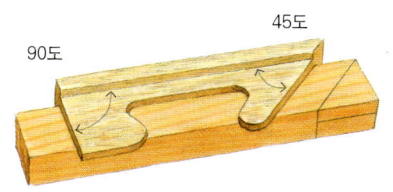

연귀자
한쪽으로는 직각을 재고 다른 쪽으로는 사선을 잴 수 있다. 연귀자를 대고 금을 긋거나 직각 또는 사선으로 톱질할 때 쓴다.

연귀자로 톱질하기

1
연귀자를 대고 창칼로 톱질할 선을 긋는다. 창칼로 선을 그으면 선이 가늘고 뚜렷해서 톱질하기가 좋다.

2
연귀자를 그대로 댄 채로 톱길을 낸 다음, 연귀자를 치우고 마저 톱질한다.

연귀통으로 톱질하기

연귀통
사선으로 톱질하기 쉽게
여러 가지 각도로 미리 톱질을 해 놓았다.
각재 굵기에 따라 통 크기도 여러 가지다.

통 속에 각재를 넣고 미리 내 놓은
톱길에 따라 톱질한다. 여러 개의 각재를
같은 각도나 길이로 자를 때도 좋다.
통 높이와 톱날의 폭을 맞춰서 쓰면 일이 쉽다.

연귀판으로 대패질하기

사선으로 각재 대패질하기
각재를 받치기 쉽게 막대를 길게 댔다.
연귀맞춤에 쓸 가구의 기둥감을
다듬을 때도 연귀판을 쓰면, 모서리를
다듬기가 수월하다.

사선으로 판재 대패질하기
연귀맞춤에 들어갈 판재의 마구리를
비스듬하게 대패질할 때 쓴다.

반듯하게 판재 대패질하기
연귀판을 반대쪽으로 돌려 면을 반듯하게
다듬을 때도 기준대로 쓴다.

그무개

그무개는 일정한 간격으로 반듯하게 선을 그을 때 쓴다. 같은 너비나 길이를 여러 곳에 그을 때도 좋다. 목재에 톱질이나 끌질할 선을 가늘고 뚜렷하게 표시할 때 많이 쓴다. 날을 여러 개 박아서 한 번에 선을 여러 개 긋거나 날을 길게 해서 얇은 판자를 쪼개는 데 쓰기도 한다. 받침대에 날이 박힌 나무 자루를 끼운다. 날은 쇠못이나 칼날을 박아서 만든다. 볼펜심을 박아 쓰기도 한다. 그무개로 그으면 칼자국이 남기 때문에 잘라 낼 곳만 정확하게 그어야 한다.

그무개
받침대에 날이 박힌 나무 자루와 쐐기를 끼워 만든다. 날은 칼날이나 쇠못을 갈아서 쓰기도 하고 볼펜심을 끼워서 쓰기도 한다.

긴 그무개
넓은 판재에 고르고 반듯한 선을 그을 때 쓴다. 길고 날카로운 날을 박아 얇은 판재를 자르기도 한다.

날이 여러 개 박힌 그무개
네 면에 박혀 있는 날의 간격이 모두 다르다.

그무개 쓰기

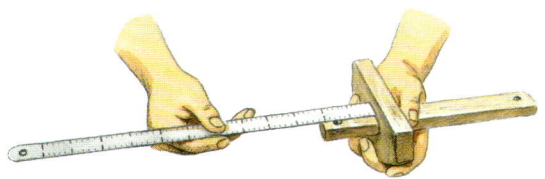

1
그무개 뒷면에 자를 대고 받침대에서 날까지의 길이를 잰다.

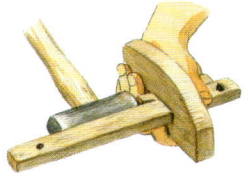

2
받침대를 움직여 그으려는 너비와 그무개 간격을 맞춘 다음, 망치로 쐐기를 꼭 박아서 나무 자루가 움직이지 않게 한다.

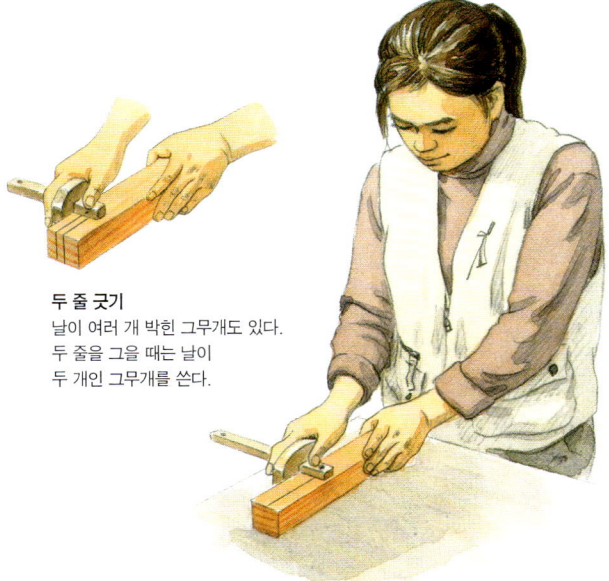

두 줄 긋기
날이 여러 개 박힌 그무개도 있다. 두 줄을 그을 때는 날이 두 개인 그무개를 쓴다.

3
받침대를 기준면에 대고 고르고 반듯하게 선을 긋는다. 흔적이 남으므로 자를 자리에만 정확하게 긋는다.

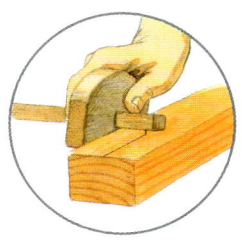

긴 그무개 쓰기
자루가 긴 그무개는 판재에 금을 긋거나 날을 길게 박아 얇은 판재를 자를 때 쓴다.

톱

톱은 나무를 자르거나 켜는 연장이다. 통나무의 둥치를 자르거나 잘린 통나무를 판재로 켤 때 쓴다. 톱으로 여러 가지 모양을 잘라 낼 수도 있다. 톱은 크게 톱날과 자루로 되어 있고 옛날부터 톱날은 쇠로, 자루는 나무로 만들었다.

톱날은 톱니에 따라 자르는 날과 켜는 날, 자르고 켜는 일에 같이 쓰는 날이 있다. 나뭇결과 직각으로 자를 때는 자르는 톱을 쓰고, 나뭇결과 같은 방향으로 켤 때는 켜는 톱을 쓴다. 모양을 내서 자를 때는 막니가 달린 톱을 쓴다.

톱의 종류에는 양날톱, 자르는 톱, 등대기톱, 붕어톱, 쥐꼬리톱, 실톱, 틀톱 따위가 있다. 양날톱은 가장 많이 쓰는 톱으로 한쪽에는 자르는 날, 다른 쪽에는 켜는 날로 되어 있다. 등대기톱은 날이 얇고 톱니가 잘아 고운 톱질에 쓰기 좋고, 쥐꼬리톱이나 실톱은 나무에 구멍을 뚫거나 모양을 낼 때 쓴다. 붕어톱은 목재 면에 홈을 파거나 목재 면 중간부터 톱질을 하기 좋다. 틀톱은 날에 따라 여러 가지 톱질을 할 수 있다.

양날톱
한쪽 날은 켜는 날, 다른 쪽 날은 자르는 날이다.
톱자루로는 단단한 참나무나 물푸레나무,
느릅나무를 많이 쓴다.

자르는 톱
한쪽에 자르는 날만 있는 톱이다. 자르는 톱니는
켜는 톱니보다 잘고 촘촘하다. 날이 닳으면
새 톱날로 바꿔 끼울 수 있다.

등대기톱
고운 톱질에 쓰는 톱으로 톱날이 아주 얇고
톱니가 잘다. 얇은 날이 휘지 않게 등을 두껍게 대서
등대기톱이라고 한다. 자루가 갈라지지 말라고
줄을 감아 두었다.

붕어톱
톱날이 붕어처럼 둥글게 생겨서
붕어톱이라고 한다. 목재 가운데에 구멍을 내거나
홈을 팔 때 쓴다. 위쪽은 자르는 톱날, 아래쪽은
켜는 톱날이다.

쥐꼬리톱
톱날의 폭이 좁고 두께가 두껍다.
목재 가운데 둥근 구멍을 낼 때 쓴다.
톱날은 자르고 켜는 일에 같이 쓸 수 있는
막니로 되어 있다.

실톱
판재를 여러 가지 모양으로 자를 때 쓴다.
날이 닳으면 새 날로 바꿔서 쓸 수 있다.
톱날은 자르고 켜는 일에 같이 쓸 수 있는
막니다.

틀톱
톱날을 틀에 달아 쓴다고 틀톱이라고
한다. 줄에 묶인 탕개를 돌려 톱날을
팽팽하게 만들기 때문에 탕개톱이라고도
한다. 톱날의 크기와 모양에 따라
자르거나 켜기, 모양 내서 자르기를
할 수 있다. 톱니가 닳으면 톱날을 빼서
날을 세우거나 다른 톱날로 바꿔서 쓴다.
두 사람이 함께 톱질을 할 수도 있다.

톱 | 톱날

톱날은 좁고 긴 쇠판으로, 톱니가 달려 있다. 톱니에 따라 자르는 날, 켜는 날, 자르고 켜는 일에 같이 쓰는 날로 나눈다.

자르는 날은 나뭇결과 직각으로 톱질을 하기 때문에 톱니가 잘고 촘촘하며 날어김이 크다. 한편, 켜는 날은 나뭇결을 따라 톱질하기 때문에 자르는 날보다 톱니가 크고 성글며 날어김도 거의 없다. 자르고 켜는 일에 같이 쓰는 톱니를 막니라고 한다. 막니는 자르는 날처럼 잘고 촘촘하며, 켜는 날처럼 끝이 날카롭다. 실톱이나 쥐꼬리톱처럼 모양을 내서 자르는 톱의 톱날이 막니로 되어 있다.

양날톱이나 붕어톱처럼 자르는 날과 켜는 날이 같이 달린 톱도 있고, 등대기톱처럼 한 가지 날만 달린 톱도 있다. 또 틀톱처럼 쓰임새에 따라 날을 바꿔 끼우는 톱도 있다.

자르는 날
켜는 날보다 톱니가 잘고 촘촘하다.
앞에서 보면 톱니가 어긋나는 폭이 넓다.
나뭇결 방향과 직각으로 자를 때 쓴다.

슴베 · 목 · 톱머리 · 톱허리 · 톱끝 · 자루

켜는 날
자르는 날보다 톱니가 크고 성글다.
나뭇결 방향으로 켤 때 쓴다.

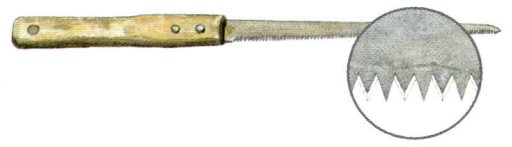

막니
나뭇결에 상관 없이 자르고 켜는 일에 같이 쓸 수 있는 톱니다. 켜는 날처럼 끝이 날카롭고 자르는 날처럼 잘고 촘촘하며 양쪽에 날이 서 있다.

자르기와 켜기

 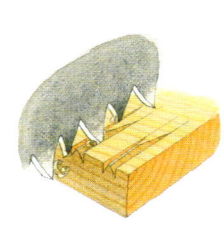 

앞에서 본 톱니

마구리

자르기
나뭇결과 직각으로, 마구리와 수평이 되게 톱질할 때는
자르는 톱날을 쓴다. 톱니가 잘고 촘촘하며 어긋난 폭이 넓다.

 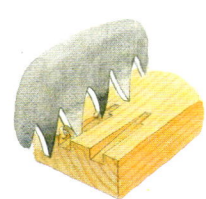 

마구리

앞에서 본 톱니

켜기
나뭇결을 따라 목재를 세로로 쪼갤 때는 켜는 톱날을
쓴다. 켜는 날은 자르는 날보다 톱니가 크고 성글다.
긴 목재를 켤 때는 톱질한 자리에 쐐기를 박아
톱이 끼지 않도록 한다.

틀톱

틀톱은 다른 톱들과 달리 밀어서 쓰는 톱이다. 톱날이
좁고 얇아 목재와 닿는 면이 적은데다 밀 때 힘을 주기
때문에 톱질이 빠르고 힘이 덜 든다. 틀은 큰 것도 있고,
작은 것도 있다. 두꺼운 통나무를 켜거나 자를 때는 큰
틀에 두꺼운 톱날을 끼우고, 모양을 내서 자르는 톱질에
는 작은 틀에 가늘고 얇은 톱날을 끼워서 쓴다. 틀톱은
옛날부터 지금까지 그 모양이 거의 바뀌지 않았다. 다른
여러 나라에서도 같은 모양의 톱을 아주 오래전부터 쓰
고 있다.

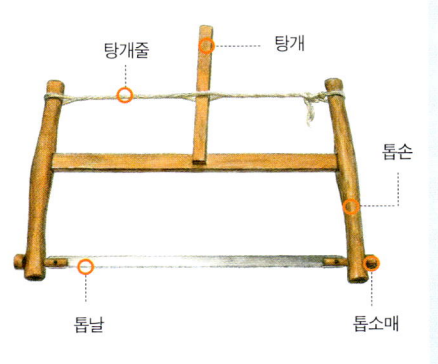

탕갯줄 · 탕개 · 톱손 · 톱날 · 톱소매

톱 | 톱질1

톱질은 톱자루를 가볍게 쥐고 슬근슬근 밀고 당겨야 한다. 힘을 주어 억지로 움직이면 톱날이 나뭇결을 따라 휘거나 목재에 톱니가 낄 수 있다. 톱질한 자리도 비뚤어지거나 지저분해진다. 또 오래도록 톱질하기 힘들고 몸에도 무리가 간다. 톱질이 반듯하게 되도록 톱날을 똑바로 내려다보면서 팔을 움직인다.

먼저 연필로 목재 면에 선을 그린 다음 연필 선을 따라 톱질을 시작한다. 톱질하는 동안 목재가 움직이지 않아야 한다. 톱질이 서투른 사람은 조임쇠로 목재를 고정시키고 톱질하는 것이 좋다. 톱에 따라 밀거나 당길 때 힘을 주는 것이 다르다. 밀어서 쓰는 틀톱은 밀 때 힘을 주고, 당겨서 쓰는 나머지 톱들은 가볍게 밀었다가 당길 때 힘을 주면서 빠르게 당긴다.

톱질을 하다 보면 목재 면이 톱날 두께만큼 톱밥으로 사라진다. 목재에 있는 연필 선을 남겨야 할 것인지 없애도 될 것인지 미리 생각해야 한다.

톱으로 판재 자르기

1

목재에 직각자를 대고 연필로 선을 긋는다.
그무개로 칼선을 긋기도 한다.

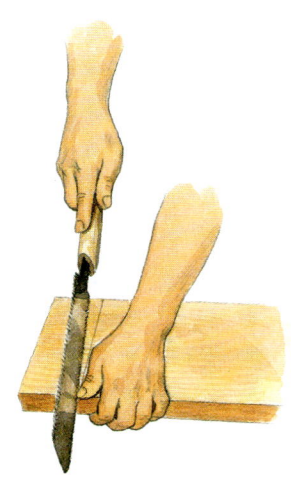

2

처음 자리잡기가 중요하다. 연필선에 손가락을 대고
톱이 흔들리지 않게 한 다음 한 차례 톱질을 한다.
이렇게 톱이 들어갈 자리를 잡는 것을 '톱길을 낸다'고 한다.

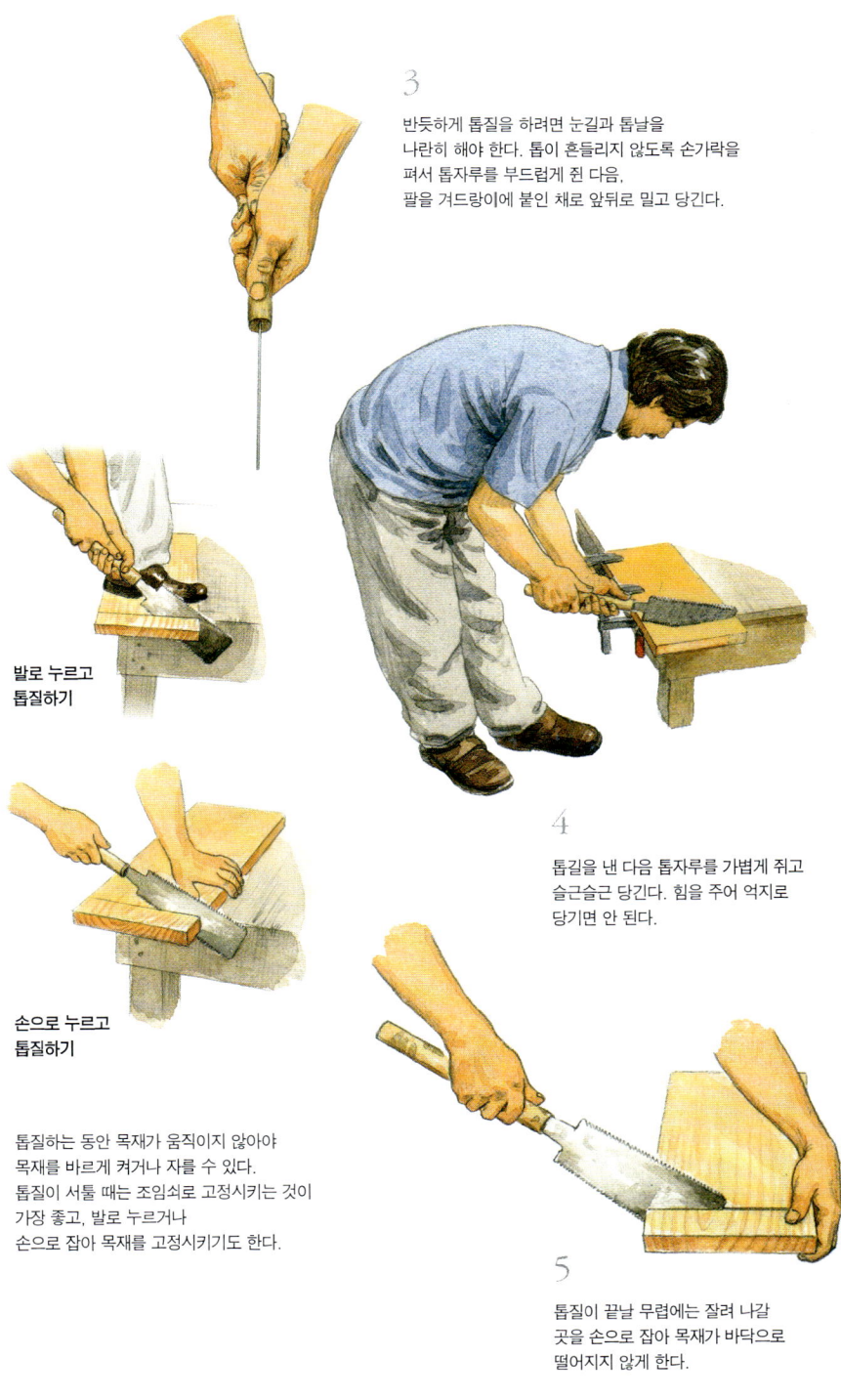

3
반듯하게 톱질을 하려면 눈길과 톱날을
나란히 해야 한다. 톱이 흔들리지 않도록 손가락을
펴서 톱자루를 부드럽게 쥔 다음,
팔을 겨드랑이에 붙인 채로 앞뒤로 밀고 당긴다.

발로 누르고
톱질하기

손으로 누르고
톱질하기

톱질하는 동안 목재가 움직이지 않아야
목재를 바르게 켜거나 자를 수 있다.
톱질이 서툴 때는 조임쇠로 고정시키는 것이
가장 좋고, 발로 누르거나
손으로 잡아 목재를 고정시키기도 한다.

4
톱길을 낸 다음 톱자루를 가볍게 쥐고
슬근슬근 당긴다. 힘을 주어 억지로
당기면 안 된다.

5
톱질이 끝날 무렵에는 잘려 나갈
곳을 손으로 잡아 목재가 바닥으로
떨어지지 않게 한다.

톱 | 톱질2

틀톱은 끼운 톱날에 따라 여러 가지 톱질에 쓸 수 있다. 켜는 날을 달아 나무를 켤 수도 있고, 자르는 날을 달아 자르는 데 쓸 수도 있다. 가늘고 얇은 톱날을 달아 모양내서 자르기도 한다. 틀톱은 다른 톱과 달리 밀어서 쓴다. 통나무처럼 두꺼운 나무를 자를 때는 큰 틀톱으로 두 사람이 함께 톱질하기도 한다.

쥐꼬리톱이나 실톱은 막니가 달려 나뭇결과 상관 없이 톱질할 수 있다. 톱날의 폭이 좁아 판재를 모양 내서 자르기 좋다. 붕어톱은 배가 튀어나와 목재 중간에 구멍이나 홈을 팔 때 좋다.

틀톱으로 판재 켜기

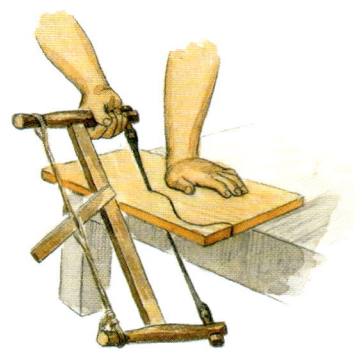

틀톱으로 톱질하기
막니가 달린 가늘고 얇은 톱날을 끼워서
모양을 내는 톱질에 쓴다.
밀 때 힘을 주어 빠르게 민다.

틀톱은 톱질 자리가 거칠기는 해도
톱날이 좁고 얇아 톱질이 빠르고 힘이 덜 든다.
틀톱은 밀어서 쓰는 톱이다.
힘을 주어 빠르게 밀고 천천히 당긴다.

모양 내서 자르기

실톱으로 톱질하기
실톱은 톱 중에 톱날이 가장 가늘고 얇으며 톱니는 막니로 되어 있다. 판재에 모양을 낼 때 쓴다. 듣길 때 힘을 준다.

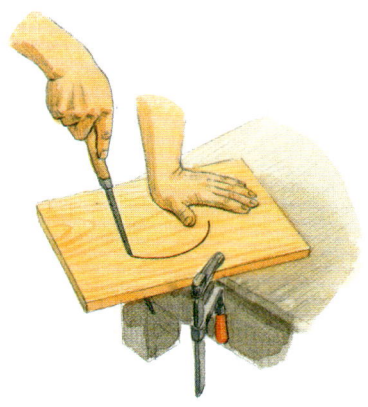

쥐꼬리톱으로 톱질하기
쥐꼬리톱은 톱날이 두꺼우면서도 폭이 좁다. 톱니는 막니로 되어 있다. 목재에 구멍을 내거나 모양을 내서 오릴 때 쓴다. 톱질하기에 앞서 송곳이나 드릴로 톱날이 들어갈 구멍을 미리 낸다. 당길 때 힘을 준다.

붕어톱으로 톱질하기
목재 중간에 네모난 구멍이나 홈을 팔 때 쓴다. 한쪽은 자르는 톱날, 다른 쪽은 켜는 톱날이다. 연필로 그린 홈의 가장자리를 알맞은 깊이로 톱질한다. 톱으로 따낸 안쪽 면은 끌로 다듬는다.

틀톱 날 끼우기

톱소매
❶ 톱소매 사이에 톱날을 끼운다.

탕개
❷ 탕개를 조여 톱날을 반듯하게 당긴다.

❸ 양손으로 톱소매를 돌려 원하는 각도로 날을 맞춘다.

❹ 다시 탕개를 조여 톱날을 팽팽하게 만든다.

톱 | 톱 손질

톱을 쓰다 보면 톱니가 닳거나 자루가 갈라질 수 있다. 또 옹이나 쇠 따위에 걸렸을 때 자르려고 억지로 힘을 주면 톱날이 휘거나 꺾이기도 한다. 톱날이 바르지 않으면 반듯한 톱질이 어렵고, 톱니가 고르지 않으면 톱날이 목재에 끼기 쉽다. 날이 좌우로 제대로 어겨 있지 않아도 톱질할 때 톱이 낄 수 있다.

톱니가 닳았을 때는 가장 많이 닳은 톱니에 맞춰 줄로 고르게 갈아 주고, 새로 간 톱니나 어김이 고르지 않은 톱니는 어김쇠로 톱니를 한 개씩 엇갈리게 한다.

다 쓴 톱은 기름칠해서 걸어 둔다. 쇠로 된 연장은 쓸 때마다 기름칠을 해서 갈무리하는 것이 좋다.

톱날 바로잡기

톱날과 톱자루가 일직선을 이루는지 살펴본다.
톱날과 자루가 반듯하지 않으면 톱질이 어렵다.

양날톱

등대기톱

휘어진 날은 판판한 바닥에 대고 손으로 눌러 반듯하게 펴 준다. 등대기톱의 등과 같이 두꺼운 곳은 망치로 살살 두드려서 펴기도 한다.

날 세우기

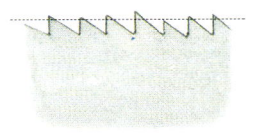

1
톱을 고정틀에 끼우고
먼저 줄로 톱니를 갈아 높이를 맞춘다.

2
톱니망치나 어김쇠로
톱니를 하나씩 좌우로 어긋나게 한다.

어김쇠
톱니를 하나씩 물어서 좌우로
어긋나게 하는 연장이다.

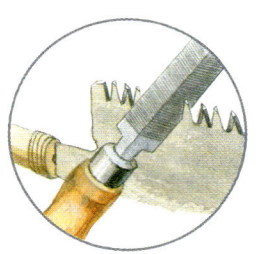

3
톱니를 하나하나 줄로 갈아
날카롭게 세운다.
줄은 한쪽 방향으로만 민다.

톱자루 갈기

톱을 쓰다 보면 자루가 헐거워지고 자루 목이 터지기도
한다. 망치로 자루 위쪽을 쳐서 톱날을 뺀 다음, 새 자루로
갈아 끼운다. 목에 줄을 감아 고쳐 쓰기도 한다.

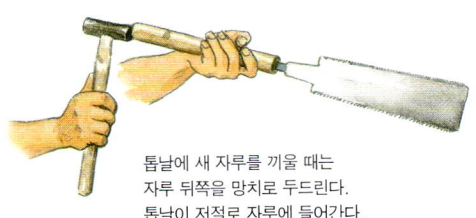

톱날에 새 자루를 끼울 때는
자루 뒤쪽을 망치로 두드린다.
톱날이 저절로 자루에 들어간다.

대패

　대패는 톱으로 켜낸 목재의 겉면을 매끈하게 다듬거나 두께를 고르게 깎을 때 쓰는 연장이다. 목재 면을 여러 가지 모양으로 깎아 낼 때도 쓴다.

　대패는 깎는 모양에 따라 평대패, 둥근대패, 오금대패, 배대패 따위가 있다. 바닥이 반듯한 평대패를 가장 많이 쓴다. 평대패는 쓰임에 따라서 막대패, 중간대패, 마감대패로 나눈다. 막대패는 목재의 거친 면을 고르게 깎거나 반듯하게 밀 때 쓰고, 마감대패는 목재 면을 매끄럽게 마무리할 때 쓴다.

　대패는 크게 대팻집과 대팻날로 되어 있다. 우리 나라는 옛날부터 대팻집은 나무로, 대팻날은 쇠로 만들었다. 지금 쓰는 육면체 모양의 대패는 조선 시대부터 썼다.

평대패
대팻집 바닥이 반듯하다. 목재 면을 곱게 다듬거나 두께를 깎아 낼 때 쓴다. 쓰임새에 따라 막대패, 중간대패, 마감대패로 나눈다.

둥근대패
대팻집 바닥과 대팻날이 둥글다. 가구 위판의 날개나 다리의 오목한 면을 깎을 때 쓴다.

오금대패
대팻집 바닥과 대팻날이 오목하다.
깎이는 면이 둥글어서 가구의 둥근 기둥이나
집의 서까래 따위를 다듬는 데 쓴다.

배대패
함지처럼 우묵한 바닥을 파내거나 오목하게 파인
모양을 깎는 대패다. 대팻집 바닥이 둥글고 대팻집 길이가
짧아 바닥을 파낼 때 좋다. 뒤접대패라고도 한다.

홈대패
여러 가지 홈을 팔 때 쓴다. 기둥에
알판을 끼워 넣으려고 홈을
파거나 문짝의 미닫이 홈 따위를 팔 때 쓴다.
홈의 너비에 따라 대팻날의 크기가
다르다. 골밀이, 또는 개탕대패라고도 한다.

변탕
대팻집 바닥을 턱지게 만들고 날을 모서리로
몰아붙인 대패다. 모서리를 턱이 지게 깎아
턱대패라고도 한다. 대팻밥이 옆으로 나온다.

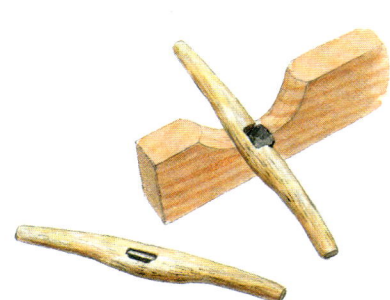

남경대패
소반의 다리나 테두리와 같이
목재 면을 둥글게 다듬을 때 쓰는 대패다.
손잡이처럼 생긴 대팻집 가운데에
대팻날이 박혀 있다. 두 손으로 쥐고
밀거나 당긴다. 훑이기대패라고도 한다.

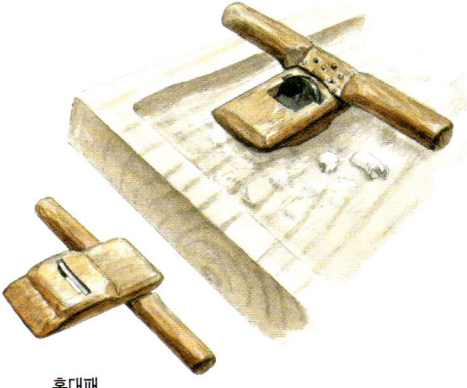

홑대패
소반의 위판과 같이 턱으로 둘러진 목재 면의 안쪽을 미는
대패다. 대팻집 바닥이 참외배꼽같이 볼록하게 나와 있어서
턱이 있어도 대패질을 할 수 있다. 배꼽대패라고도 한다.

대패 | 대패 구조

　대패는 대팻집과 대팻날로 이루어져 있다. 대팻날은 나무를 깎는 어미날과 거스름결을 눌러 주는 덧날로 되어 있다.

　대패 가운데 평대패를 가장 많이 쓴다. 평대패는 대팻집과 대팻날을 어떻게 맞추는가에 따라 막대패로도 쓰고, 마감대패로도 쓸 수 있다. 막대패질을 할 때는 어미날을 덧날보다 길게 빼고, 마감대패질을 할 때는 대패질이 곱게 되도록 어미날과 덧날의 끝을 바짝 붙여서 꼭 맞춘다.

　대팻집은 참나무같이 여물고 질긴 나무로 만든다. 생나무를 연못이나 뻘 속에 1년쯤 묻어 두면 나무의 진이 빠져서 대팻집이 틀어지거나 터지지 않는다. 대팻집은 마구리의 나뭇결이 세로로 된 것이 뒤틀림이 적다.

어미날

덧날
군날이라고도 한다.

대팻날 홈
어미날이 움직이지 않게 한다.

아가리
대팻밥이 나오는 곳이다.

대팻집 머리
날을 뺄 때 망치로 치기 쉽도록 모서리를 굴린다.

마구리

덧날박이
덧날이 빠지지 않도록 눌러 준다.

입
대팻날이 대팻집 바닥으로 빠지는 구멍이다. 날이 나오는 곳이라서 날입이라고도 한다. 입이 좁을수록 대패질이 곱다.

대팻날 맞추기

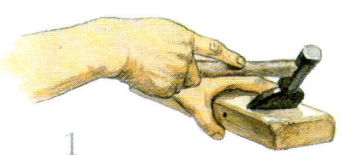

1

대패질을 할 때는 대팻날을 잘 맞춰야 한다.
먼저 대팻집에 어미날을 밀어넣고 망치로 어미날의
위쪽을 살살 때린다. 날이 대팻집 바닥으로 0.1mm쯤
나오면 어미날 위에 덧날을 끼워 넣고 마찬가지로
망치로 쳐서 끼운다.

2

대패를 뒤집어서 대팻집 바닥을 눈과 일직선이
되게 하고 내려다본다. 대팻날이 대팻집 바닥 위로
고르게 나와야 한다. 대팻집에 끼운 어미날이
바닥 위로 0.2mm쯤 나올 때까지 망치로 살살 친다.

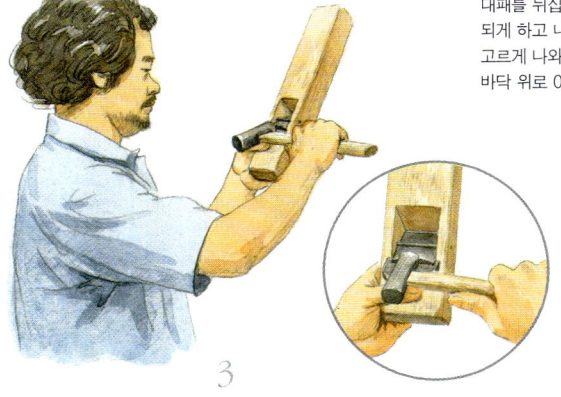

3

막대패로 쓸 때는 어미날만 나와도 된다.
그러나 마감대패와 같이 곱게 깎는 대패는
어미날과 덧날의 끝이 딱 맞아야 거스러미가
일어나지 않는다. 대팻집 아가리를 보면서 덧날과
어미날의 날끝을 맞춘다.

마감대패로 쓸 때는
어미날과 덧날이 꼭 맞다.

막대패로 쓸 때는
어미날이 좀 더 나온다.

대팻날 빼기

손바닥으로 대팻집을 감싸고 엄지손가락으로는
대팻날을 붙들어 대팻날이 빠지면서 떨어지지 않게 한다.
망치로 대팻집 머리 양쪽 끝을 번갈아 때리면
대팻날이 저절로 올라온다. 대팻집 머리 가운데를
잘못 치면 대팻집이 갈라질 수 있다.

대패 | 대패질

먼저 대팻날이 잘 갈아졌는지를 살핀다. 어미날과 덧날이 맞춰지면 목재를 양판에 올려놓고 걸턱에 끼운다. 대패질은 허리를 구부렸다가 펴면서 온몸으로 한다. 대패가 움직이기 시작하여 멎을 때까지 대패 머리가 목재 면에서 들리거나 숙여지지 않아야 한다. 또 대패를 당겼다가 처음 자리로 올려다 놓을 때는 대팻날이 나무에 닿지 않게 살짝 든다.

옹이가 있는 곳은 나무가 아주 단단하다. 옹이를 깎을 때는 대팻날 이가 빠지지 않도록 가볍게 힘을 주어 당긴다. 대패질을 할 때는 나뭇결을 살펴서 순결 쪽으로 대패질을 해야 거스러미가 일어나지 않고 대패질이 깨끗하게 된다.

허리를 앞으로 구부렸다가 펴면서 온몸으로 대패질을 한다. 당길 때는 목재의 처음부터 끝까지 한 번에 당긴다.

대패가 움직이기 시작해서 멎을 때까지 대패 머리가 목재 면에서 들리거나 숙여지지 않게 한다.

대패 잡는 법

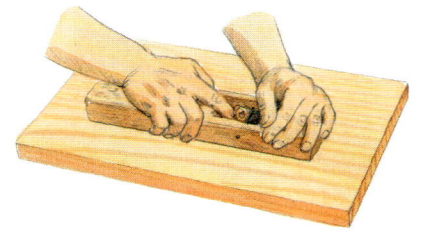

목재 면이 좁을 때는 손가락으로
어미날을 붙들기도 한다.

한 손으로 대팻집 머리를 감싸고 다른 손은
검지손가락을 대팻집 아가리에 걸고 손바닥으로
대팻집을 감싸쥔다. 대팻집 머리를 감싼 손은
위에서 누르고, 다른 손은 당기는 쪽으로 힘을 준다.

미는 대패질

옛날에는 대패에 손잡이를 달아, 밀어서 대패질을
했다. 밀어서 대패질을 하면 곱게 깎이지는 않지만,
몸무게를 실어 밀기 때문에 힘이 덜 든다. 지금도 소반을
깎을 때는 미는 대패질을 한다.

엇결과 순결

대패질을 할 때는 나뭇결을 잘 살펴야 한다.
깎이면서 결이 매끄럽게 밀리는 쪽을 순결이
라 하고, 거스러미가 일어나는 쪽을 엇결이라
고 한다. 대패질을 할 때 순결 쪽으로 깎아야
면이 곱고 힘이 덜 든다. 목재의 옆면을 보고
결이 위로 올라가는 쪽으로 대패를 당긴다.

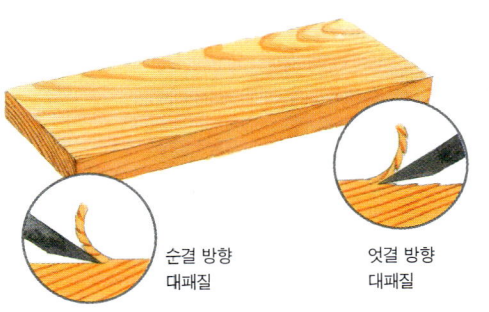

순결 방향
대패질

엇결 방향
대패질

대패 | 대팻날 갈기

대패질하기 전에 먼저 대팻날과 대팻집을 살펴본다. 어미날과 덧날은 잘 맞는지, 대팻집 바닥의 입이 너무 벌어지지 않았는지 살핀다.

대팻날은 쓰다 보면 날끝이 무뎌지거나 이가 빠지기도 하고, 날이 닳으면서 어미날의 날귀가 대팻날 홈에 꽉 끼이기도 한다. 무디거나 이가 빠진 대팻날은 숫돌에 갈고 대팻집은 따로 입이나 홈을 손보아야 한다.

대팻날을 갈 때는 어미날의 앞날, 뒷날, 덧날을 각기 다 갈아야 한다. 숫돌에 날을 갈 때는 밀 때 힘을 준다.

1

어미날 갈기
대팻날을 갈 때 가장 중요한 것은 대팻날의 각도다. 너무 뉘어 갈면 날이 얇아져서 대팻날이 쉽게 닳고, 너무 세워 갈면 날끝보다 날등이 먼저 나무에 닿을 수 있다.

어미날의 각도는 25~30°가 좋다.
날이 살짝 뒤로 넘어갈 만큼 충분히 갈리면 고운 숫돌에 앞뒷날을 번갈아 갈아서 마무리한다.
숫돌은 10번에서 8000번까지 있는데 숫자가 작을수록 거친 숫돌이다.

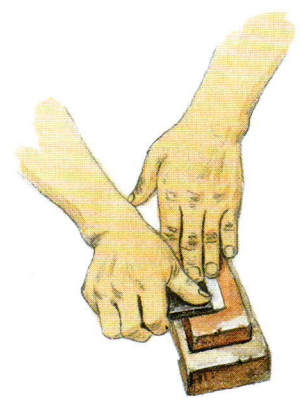

2

어미날의 뒷날 갈기

뒷날 갈기는 드문 일이다. 새로 산 대패거나 자주 써서 많이 닳았을 때만 뒷날을 간다. 숫돌을 반듯하게 만든 다음 어미날의 뒷날을 거친 숫돌에 뉘여서 반듯하게 간다.
어미날의 뒷날이 반듯해야 덧날과 꼭 맞아서 고운 대패질을 할 수 있다. 뒷날은 가운데가 살짝 패인 것이 정상이다.

3

덧날 갈기

덧날은 잘 닳지 않기 때문에 어미날의 뒷날 갈기와 마찬가지로 드물게 간다. 25~30°로 뉘어서 갈다가 90°로 날을 세워서 두어 번 살짝 간다. 덧날은 날이 있는 앞면만 눌러서 간다.

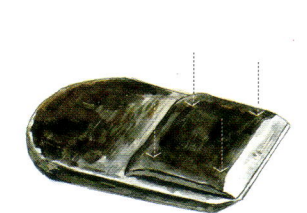

4

어미날과 덧날 맞추기

날이 잘 맞았는지 보려면 먼저 어미날의 뒷면에 덧날을 올려놓고 네 귀를 눌러 본다.
덧날이 흔들리면 구부러진 곳을 망치로 쳐서 펴거나 더 구부려서 흔들리지 않게 바로잡는다.

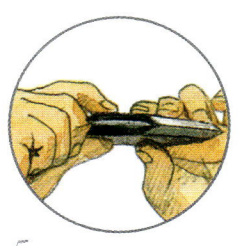

5

날을 바로잡은 다음, 어미날 위에 덧날을 올려 밝은 곳을 본다. 어미날과 덧날 사이로 빛이 새지 않으면 잘 맞은 것이다. 어미날과 덧날이 딱 맞지 않으면 대팻밥이 끼어서 쓸 수가 없다.

대패 | 대팻집 바로잡기

대팻집도 오래 쓰면 틀어지거나 대팻집 바닥이 패일 수 있다. 대팻집 바닥이 반듯하지 않으면 대패질이 잘 되지 않는다. 이럴 때는 곧날대패로 바닥 수평을 바로잡아야 한다. 대팻날과 대팻날 홈은 날머리 쪽이 날끝 쪽보다 넓다. 대팻날이 닳아서 길이가 짧아지면 날머리가 점점 내려가면서 어미날이 대팻날 홈에 꽉 끼이게 된다. 이럴 때는 대팻날 홈을 넓혀야 한다. 또 대팻집 바닥이 닳으면 대팻집 입도 넓어진다. 대팻집 입이 너무 넓으면 대팻날을 끼울 때 바닥으로 날이 나온 정도를 가늠하기가 어렵다. 이럴 때는 벌어진 입을 메워 쓰면 대패질이 더 고와지고 날 맞추기도 쉽다.

대패를 다 쓴 다음에는 날이 상하거나 대팻집이 틀어지지 않도록 갈무리를 잘 해야 한다. 대패가 볕을 보거나 바람을 맞으면, 대팻집이 마르면서 틀어지기 쉽다.

바닥 수평잡기

대팻날이 대팻집 바닥으로 나오지 않도록 조금 뺀 다음 대팻집 바닥에 수평자를 대 본다. 대팻날을 빼내면 입 언저리가 움푹해져서 안 된다. 대팻집 바닥과 수평자 틈으로 빛이 새면 대팻집 바닥이 패인 것이다.

곧날대패
대팻집 바닥을 긁어서 반듯하게 고르는 대패다. 날이 직각으로 서 있다. 대팻집고치기대패, 직각대패, 면잡이대패라고도 한다. 곧날대패가 없으면 나무 토막에 사포(150~180번)를 감싸서 써도 된다. 사포는 번호가 작을수록 면이 거칠다.

날을 끼운 채로 대패를 뒤집고 대팻집 바닥의 올라온 곳을 곧날대패로 원을 그리듯이 긁는다.

대팻날 홈 넓히기

대팻날이 너무 꽉 끼면 대팻집이 터지거나
갈라진다. 가는 평끌이나 쥐꼬리톱으로
대팻날 홈을 긁어서 대팻날이 끼이지 않게 한다.

가는 평끌
좁은 바닥을 고르게 파낼 때 쓴다.

대팻집 입 메우기

입이 넓어진 대패
대팻집이 닳으면서 바닥이 점점 얇아지면
대팻집 입도 점점 넓어지게 된다. 대팻집 입이 넓으면
대패질이 곱게 되지 않는다. 날을 끼운 채로
입이 1mm쯤 벌어져 있으면 막대패나 마감대패
두 가지 쓰임새로 모두 알맞다.

주먹장을 끼워서 날입을 메운 대패
넓어진 틈은 단단한 나무로 주먹장을 파서 끼운다.
헌 대팻집의 마구리를 잘라 쓰기도 한다.

수평자

목재 면이나 대팻집 바닥이 반듯한지 살필 때 쓴다. 흔히 나무로 만들고 두 짝이 한 벌을 이룬다. 두 짝의 바닥이 틈이 없이 맞으면 반듯한 것으로 친다. 쇠로 된 곧은자를 써도 된다.

끌

끌은 목재에 구멍을 뚫거나 홈을 파는 연장이다. 가구를 짜기 위해 여러 가지 맞춤에 들어가는 촉과 구멍을 팔 때 많이 쓴다. 대패로 깎기 힘든 곳을 깎을 때도 쓴다.

끌은 쇠망치로 머리를 때리면서 쓰는 때림끌과 손으로 밀어 쓰는 밀이끌이 있다. 밀이끌은 나무 망치로 두드려 쓰기도 한다. 때림끌은 구멍이나 홈을 팔 때 많이 쓰고, 밀이끌은 목재의 겉면을 다듬을 때 쓴다.

파거나 깎을 모양에 따라 날 모양도 다르다. 자루는 단단하고 잘 쪼개지지 않는 박달나무나 물푸레나무, 참나무로 만든다.

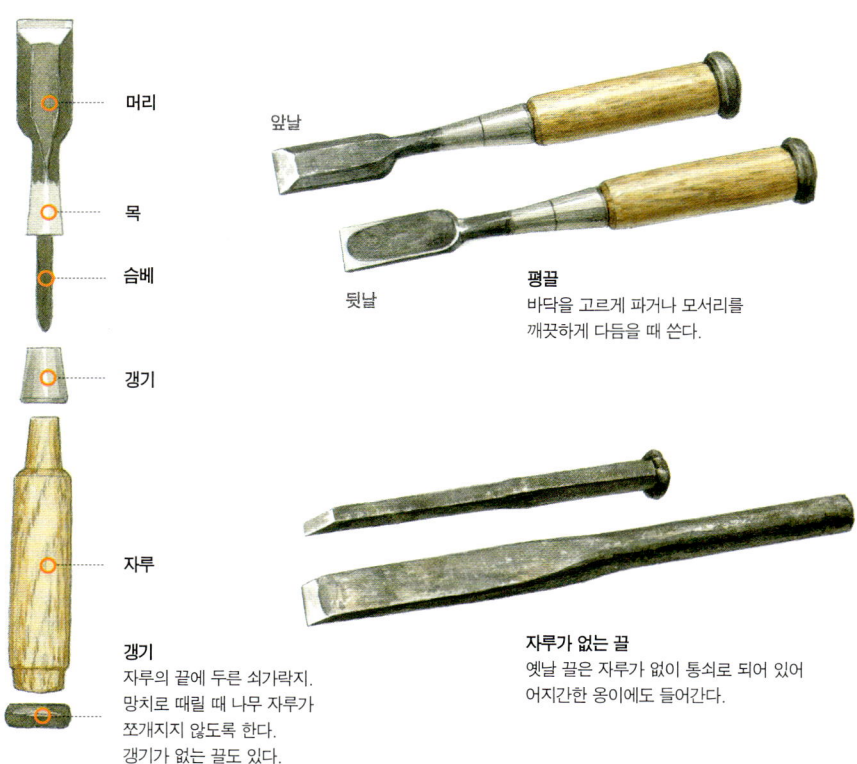

머리
목
슴베
갱기
자루

앞날
뒷날

평끌
바닥을 고르게 파거나 모서리를 깨끗하게 다듬을 때 쓴다.

갱기
자루의 끝에 두른 쇠가락지. 망치로 때릴 때 나무 자루가 쪼개지지 않도록 한다. 갱기가 없는 끌도 있다.

자루가 없는 끌
옛날 끌은 자루가 없이 통쇠로 되어 있어 어지간한 옹이에도 들어간다.

직각끌
앞으로 날이 서 있다.
제비초리 구멍을 팔 때 쓴다.

가는 평끌
날이 좁고 두껍다. 좁은 바닥을
고르게 파낼 때 쓴다.

앞에 날이 선 둥근끌
모서리를 둥글게 다듬을 때 쓴다.

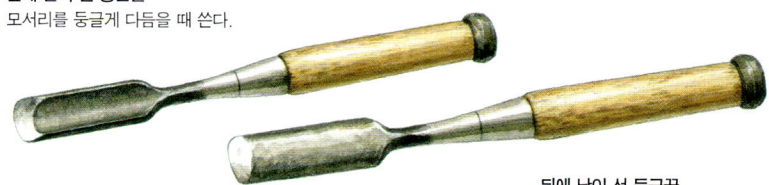

뒤에 날이 선 둥근끌
둥근 홈이나 함지 속처럼 우묵한 곳을
파낼 때 쓴다. 바닥을 거칠게 고를 때도 쓴다.

밀이끌
자루 뒤에 갱기가 없어 손으로 밀거나
나무 망치를 두드려 쓴다. 날이 크고 자루가
길어 큰나무를 다룰 때 좋다.

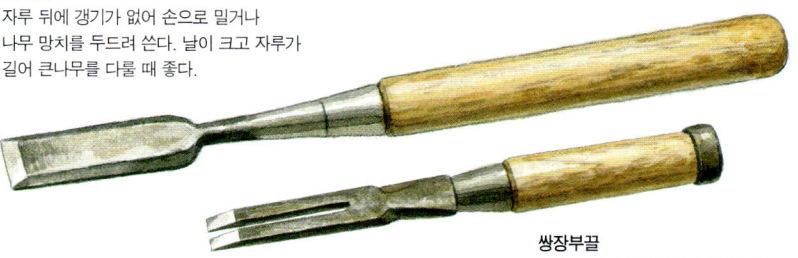

쌍장부끌
같은 크기의 장붓구멍을 한 번에
두 개씩 팔 수 있다.

훑이기
테두리가 있는 가구나 소반 따위의
홈을 긁을 때 쓴다. 움푹 파인 곳을
긁어 낼 때도 쓴다. 여러 가지 모양이 있다.

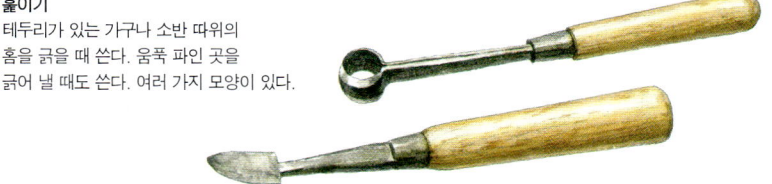

끌 | 끌질 1

먼저 끌질하려는 목재를 받침대로 받치거나 조임쇠로 조여서 움직이지 않게 한다. 끌을 쓸 때는, 날이 선 쪽을 파내려는 목재 면에 대야 한다. 깊은 구멍은 두어 차례 나누어 판다. 억지로 한 번에 파내려고 하면 나무가 쪼개지거나 구멍이 넓어질 수 있다. 주먹장 사개맞춤[132]처럼 한 번에 홈을 여러 개 팔 때는 구멍 크기를 끌날의 너비에 맞춰서 만들면 일이 쉽다. 또 오동나무같이 무른 나무는 날이 얇고 날카로운 끌을 써야 한다. 무른 나무에 두꺼운 날을 쓰면 나무가 뭉개지기 때문이다.

막힌 홈 파기

1
파낼 자리를 연필로 그리고, 연필선보다
조금 안쪽에서 끌질을 시작한다.
날이 선 쪽을 파낼 목재 면에 댄다.
연필선 위로 구두칼이나 조각칼, 창칼
따위로 칼선을 넣으면 끌질 자리가 깨끗하다.

2
끌을 세워 파낼 자리를 조각낸다.
이때 끌이 흔들리면 안 된다. 끌밥이
밀려나면서 끌이 깊게 들어가기 때문이다.
끌 머리를 망치로 칠 때는 망치와
끌자루 머리를 수직으로 맞춰야 한다.

3 끌을 수직으로 세우고 망치로 자루의 머리를
쳐 가면서 테두리를 깨끗이 마무리한다.

4 바닥도 깨끗하게 밀어 낸다.
날이 선 쪽을 바닥에 대고 민다.

둥근끌 쓰기

뒤쪽에 날이 선
둥근끌은 판재의 가운데를
움푹하게 팔 때 쓴다.

앞쪽에 날이 선 둥근끌은 각진
모서리를 둥글게 다듬는다.

앞쪽에 날이 선 둥근끌

뒤쪽에 날이 선 둥근끌

우리 가구 손수 짜기 79

끌 | 끌질 2

뚫린 홈 파기

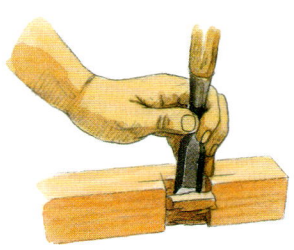

1
먼저 한쪽을 끌질로 파낸 다음 뒤집어 놓고 반대쪽을 망치로 때려서 마저 파낸다. 한쪽으로만 파내면 나무가 쪼개질 수 있다.

2
홈을 파낸 다음 깨끗하게 다듬는다.

모서리 따내기

1
쉽게 모서리를 따내려면, 먼저 안쪽에 여러 차례 끌질을 해서 안쪽을 조각낸다. 테두리를 따라 끌을 수직으로 대고 망치로 때린다.

2
부스러진 나무 조각을 깨끗하게 걷어 낸다.

직각끌로 제비초리 따내기

1

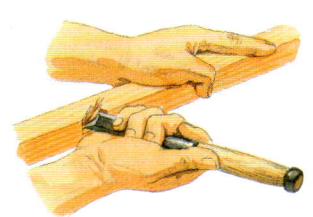

2

제비초리 모양를 팔 때는 직각끌이 좋다.
한 번에 따내기보다 앞쪽에서부터 두세 차례
찍어서 끌질을 하는 것이 깨끗하다.

위쪽에서 직각끌로 판 다음 아래쪽에서
평끌로 걷어 낸다.

주먹장 파기

1

2

먼저 톱으로 길을 낸 다음
밖에서 안쪽으로 끌질한다.

한쪽으로만 끌질하지 않는다. 깎아 낼
나무를 위아래로 뒤집어 가면서 끌질을 한다.

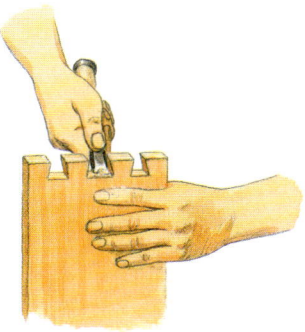

3

세워서 깨끗하게 마무리한다.
자루를 짧게 쥐면 힘은 더 들지만 끌을 쓰기가
쉽다. 일이 서툰 사람은 자루를 짧게 쥐고
엄지손가락에 힘을 주어 앞으로 미는 것도 좋다.

끌 | 끌 손질

끌을 쓰다 보면 날이 무뎌지고 뒷날도 닳기 때문에 때때로 갈아야 한다. 끌질하기 전에 먼저 날이 잘 갈렸는지 살펴본다. 새 끌을 샀을 때도 날을 갈아서 쓰는 것이 좋다.

끌을 갈기 전에 숫돌이 반듯한지 살펴보고, 반듯하지 않으면 유리면에 사포를 깔고 숫돌부터 반듯하게 간다.

끌을 갈 때는 뒷날부터 갈고 앞날을 간다. 뒷날이 반듯하지 않거나 날끝의 판판한 곳이 다 닳으면 갈아야 한다. 하지만 뒷날의 상태가 좋으면 굳이 뒷날을 갈 것 없이 앞날부터 간다. 쓰고 난 끌은 날이 바닥에 닿지 않게 꽂아 두거나 눕혀 두는 것이 좋다. 날에 손이 다치지 않게 잘 갈무리한다.

평끌 갈기

뒷날
뒷날이 반듯하지 않거나 날이 닳으면서
뒷날의 판판한 날끝이 다 닳았을 때 뒷날 내기를 한다.

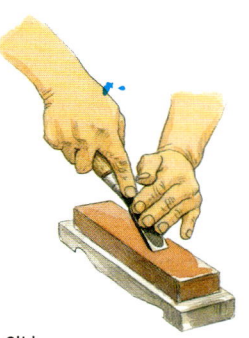

앞날
날은 배가 나오거나 한쪽으로 기울지 않게 간다.
앞날을 충분히 갈아 날끝이 뒤쪽으로 넘어갈 무렵
고운 숫돌에 앞뒷날을 번갈아 갈아 날을 세워
마무리한다.

날을 비스듬히 해서
밀면 날 갈기가 더 쉽다.

직각끌 갈기

뒷날
먼저 뒷날을 반듯하게 간다.

앞날
숫돌 모서리를 이용한다.
숫돌 모서리가 많이 닳기 때문에
양쪽 모서리를 다 쓴다.

둥근끌 갈기

숫돌 대신
둥근 나무 토막에
사포를 감아서
쓰기도 한다.

앞날
뒤에 날이 선 둥근끌이라 앞날부터 간다.
숫돌의 한 면을 둥글게 해서 갈거나
둥근 나무 토막에 사포를 감아서 쓴다.

뒷날
사포나 숫돌로 날이 선 뒷면을 간다.
둥근끌은 둥근 나무 토막에 사포를 감아서
밀면 날 갈기가 쉽다.

평끌 뒷날

날끝이 닳은 날   새로 간 날

끌날은 뒷날 가운데가 패여 있다. 끌질할 때 나무와 닿는 면이 적어 힘이 덜 들고, 뒷날을 갈 때도 빠르게 갈 수 있다. 끌을 오래 쓰다 보면 판판한 날끝이 닳아 없어지면서 움푹 패인 곳이 날끝에 닿게 된다. 이렇게 되면 끌질이 고르지 않고 날을 갈 때도 반듯하게 갈리지 않는다. 이럴 때는 뒷날을 갈아야 한다.

망치

옛날 쇠망치
자루도 머리도 모두 쇠로 만들었다. 자루 끝이 둘로 갈라진 쪽은 못을 뺄 때 쓴다.

노루발장도리
망치머리 한쪽은 뭉툭해서 못을 박을 때 두드려 쓰고, 다른 한쪽은 넓적하고 둘로 갈라져서 못머리를 걸어 뺄 때 쓴다. 갈라진 모양이 노루발과 닮아 노루발장도리라고 하는데, 장도리라고도 한다.

쐐기
자루 머리에 쐐기를 박아 날이 빠지지 않게 한다.

뿔망치
머리 한쪽은 바닥이 판판하고, 다른 한쪽은 뾰족하다. 뾰족한 머리는 못머리를 목재 속으로 깊이 박아 넣을 때 쓰면 좋다.

망치
한쪽 머리는 바닥이 판판하고 반대쪽은 배가 살짝 나왔다. 배가 나온 쪽으로 마무리 망치질을 하면 못머리를 깊게 박을 수 있어 좋다.

망치는 못을 박거나 가구를 짜 맞출 때 쓴다. 끌머리를 치기도 하고 굽은 쇠를 펴거나 못을 뽑을 때도 쓴다. 머리 모양과 만든 재료에 따라 장도리, 뿔망치, 쇠망치, 고무 망치, 나무 망치 따위가 있다. 자루는 주로 나무로 만드는데, 예전에는 자루와 머리를 모두 쇠로 만들어 쓰기도 했다.

옛날에는 망치를 메라고 했다. 나무메는 떡갈나무, 느티나무, 참나무, 대추나무같이 단단한 나무로 만든다. 나무메가 쇠메보다 머리가 크고 머리 양쪽이 판판하다. 나무메로는 떡을 치고 쇠메나 돌메는 더 단단한 것을 치거나 박을 때 썼다.

쇠망치
가구를 짤 때 쓰는 망치로 머리가 쇠로 되어 있다. 뒤주처럼 나무가 두꺼운 가구를 두드려 짜 맞출 때 쓴다.

고무 망치
머리가 고무로 되어 있다. 가구를 짜거나 끌질을 할 때 쓴다.

나무 망치
머리도 나무로 되어 있다. 가구를 짜려고 목재를 두드리거나 끌머리를 칠 때 쓴다. 머리가 큰 망치는 조각할 때 많이 쓴다.

우리 가구 손수 짜기 85

망치 | 망치질

못을 박을 때는 망치가 못머리에 수직으로 닿도록 두드린다. 망치질은 어깨와 팔꿈치를 움직이지 않고 손목으로 해야 한다. 망치머리 무게에 따라 손목의 힘이 달라진다. 손으로 잡기 힘든 작은 못은 종이에 끼워 박으면 망치질이 쉽다. 펜치로 못을 잡고 박을 수도 있다. 쇠못을 박을 때 못에 물이나 침을 묻히면 나중에 못에 녹이 나서 나무에 더 단단하게 박힌다.

못을 뽑을 때는 못머리를 노루발에 걸고 잡아당긴다. 못이 길게 빠져 있을 때는 망치자루가 부러질 수 있으므로 나무 토막을 받치고 뽑는 것이 좋다. 작은 못은 펜치로 뽑기도 한다.

가구 안쪽을 두드릴 때는 머리가 옆으로 길고 자루가 짧은 망치를 쓰면 좋다.

어깨와 팔의 힘을 빼고 손목을 움직여서 망치질을 한다.

가구를 짜 맞출 때는 나무 망치를 쓴다. 망치로 친 자국이 남지 않도록 나무 토막을 대고 두드린다.

못질하기

손으로 잡기 어려운 작은 못은 펜치로 잡는다.

더 작은 못은 종이에 끼워 박으면 박기 쉽다.

못머리를 노루발에 걸고 잡아당긴다.
못이 길 때는 나무 토막을 받치면 잘 뽑힌다.

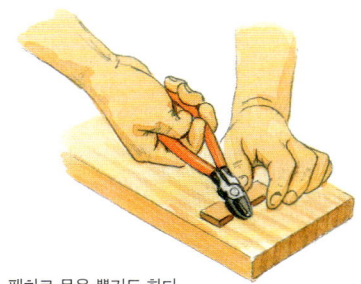

펜치로 못을 뽑기도 한다.

망치자루 갈기

망치자루는 망치머리를 쥐었을 때 자루 끝이 자기 팔꿈치에 닿는 길이가 알맞다. 망치자루가 부러지거나 갈라지면 자루만 새 것으로 갈아서 쓴다.

❶ 망치머리에 새 자루를 끼운 다음 자루 뒤를 바닥에 탕탕 치거나 망치로 때려서 머리에 꼭 끼운다.

❷ 자루가 망치머리 위로 너무 길게 올라왔으면 톱으로 잘라 낸다. 망치머리가 자루에서 빠지지 않게 자루에 쐐기를 박는다.

송곳, 드릴

송곳이나 드릴은 목재나 종이에 구멍을 뚫는 연장이다. 송곳은 뾰족한 쇠날과 나무 자루로 되어 있다. 자루는 전나무처럼 부드러운 나무를 쓴다. 송곳자루에 줄을 감아서 구멍을 뚫는 활비비나 돌대송곳도 있다.

드릴은 손잡이를 돌려 구멍을 뚫는 연장이다. 뚫으려는 구멍 크기에 따라 날을 바꿔서 쓴다. 한 손은 위에서 누르고 다른 손으로 손잡이를 잡고 돌리면 구멍을 쉽게 뚫을 수 있다.

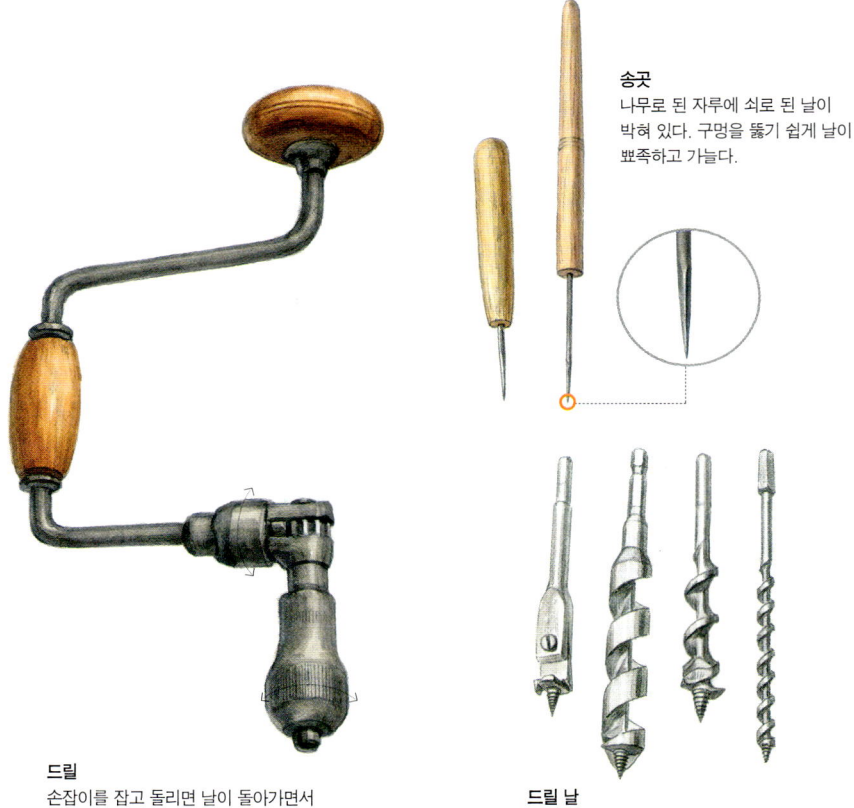

송곳
나무로 된 자루에 쇠로 된 날이 박혀 있다. 구멍을 뚫기 쉽게 날이 뾰족하고 가늘다.

드릴
손잡이를 잡고 돌리면 날이 돌아가면서 구멍이 뚫린다. 뚫는 구멍 크기에 따라 날을 바꿔 끼운다. 날을 끼울 때는 두 곳을 동시에 돌린다.

드릴 날
뚫으려는 구멍에 따라 날 크기가 다르다. 나무를 뚫기 쉽게 끝이 뾰족하다.

구멍 뚫기

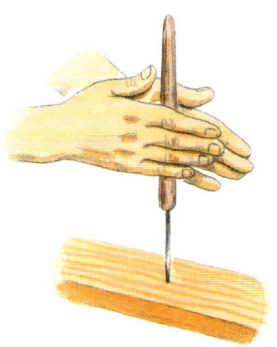

손바닥 사이에 송곳을 끼우고 비벼서 뚫는다.
나무못을 박거나 장식을 박기 전에 많이 쓴다.

드릴로 구멍을 뚫을 때는 한 손은 위에서
힘을 주어 누르고, 다른 손은 손잡이를 돌린다.
구멍을 뚫으려는 목재 아래에 허드레 나무를
대면 구멍이 뚫리면서 나뭇결이 뜯기지 않아
좋다.

돌대 송곳

구멍을 뚫는 연장의 한 가지다. 나무 막대에 줄을 매고, 그 나무 막대를 송곳자루에 가로로 건다. 나무 막대를 아래위로 움직이면 줄이 감겼다 풀렸다 하면서 송곳자루가 저절로 돌아가고 구멍이 뚫린다.

❶ 나무 막대에 송곳자루를 꽂은 다음 나무 막대를 돌려서 줄을 감는다.

❷ 가로 막대를 힘주어 누르면 줄이 풀리고 송곳자루가 저절로 돌아가면서 나무에 구멍이 뚫린다.

조임쇠

조임쇠는 짜 맞춘 가구가 틀어지지 않도록 조여 두거나, 판재를 아교로 이어 붙일 때 쓰는 연장이다. 조임쇠로 조여 두면 튼튼하게 붙어서 잘 틀어지지 않는다. 또, 톱질이나 끌질을 할 때 목재가 움직이지 않도록 작업대에 붙들어 두는 구실도 한다. 혼자서 일을 할 때는 더욱 쓸모가 많다.

조임쇠는 요즘 많이 쓰는 연장으로, 모양과 재료가 여러 가지다. 처음에는 나무로 만들었지만 요즘은 쇠나 플라스틱으로 된 것이 많다. 생긴 모양에 따라 ㄷ모양의 조임쇠, 길다란 막대기 모양의 조임쇠, 집게 모양의 조임쇠가 있다. 쓰임새에 따라 목재를 양쪽에서 조이기도 하고 위아래에서 조이기도 한다. 90°나 45°처럼 각진 모서리를 조이는 조임쇠도 있다. 조임쇠가 없을 때는 끈으로 감아서 조이기도 한다.

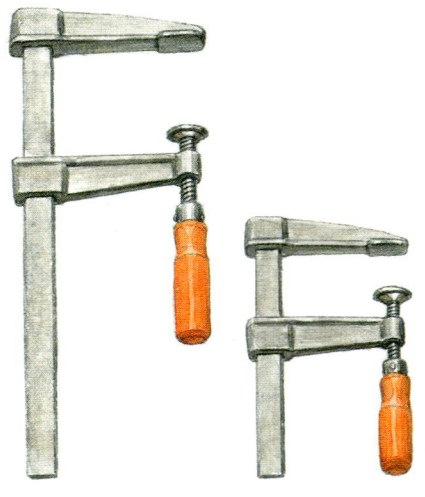

조임쇠
여러 가지 일에 쉽게 쓸 수 있는 조임쇠다. 끌질이나 톱질을 할 때 목재를 고정시키기도 하고 가구를 짤 때도 쓴다. F 클램프라고도 한다.

ㄷ 조임쇠
C 클램프 또는 G 클램프라고도 한다.

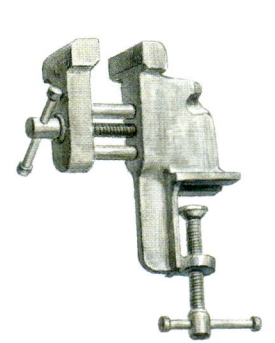

바이스
작업대에 달아서 쓰는 조임쇠다.
목재를 세워서 조일 수 있다.

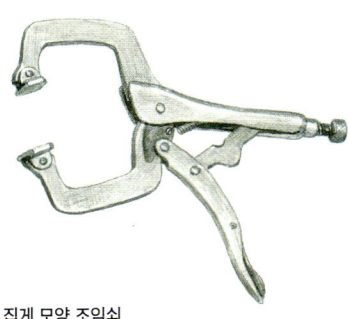

집게 모양 조임쇠
스프링 클램프라고도 한다. 목재끼리
가볍게 누르거나 목재를 작업대에 조일 때 쓴다.

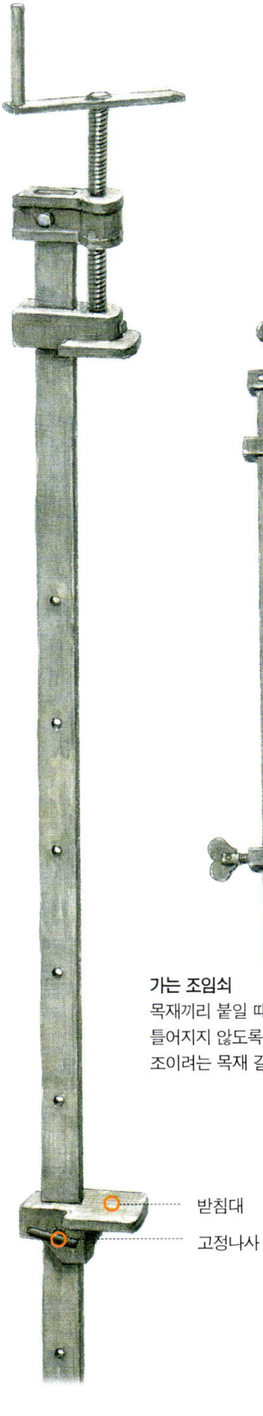

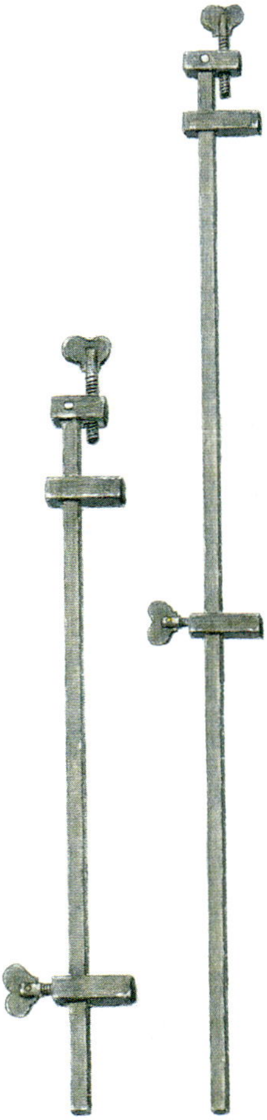

가는 조임쇠
목재끼리 붙일 때나 짜 맞춘 가구가
틀어지지 않도록 조여 둘 때 많이 쓴다.
조이려는 목재 길이에 따라 골라서 쓴다.

받침대
고정나사

큰 조임쇠
큰 가구나 긴 목재를 조일 때 쓴다.
허드레 나무를 대고 받침대의 나사를 꼭 조인다.

조임쇠 | 조이기

조임쇠는 짝을 맞추어 쓰는 것이 좋다. 양쪽에서 조이는 힘이 같아야 가구를 조이거나 목재 면을 이어 붙일 때 틀어지지 않는다. 아래위, 앞뒤에서 같이 조인다. 끈으로 조일 때는 사이사이에 쐐기를 끼워 끈이 느슨해지지 않게 한다.

조임쇠로 세게 조이면 목재가 부서지거나 자국이 남을 수 있다. 조임쇠 아래에 반드시 허드레 나무를 대어 자국이 남지 않도록 한다. 나무나 플라스틱으로 된 조임쇠를 쓰기도 한다.

가구 틀 잡기

짜 맞춘 자리의 아교가 잘 마를 때까지 조임쇠로 아무지게 조여 놓는 것이 좋다.

가구가 틀어지지 않도록 조임쇠로 아래, 위, 왼쪽, 오른쪽에서 고르게 조인다.

목재 고정하기

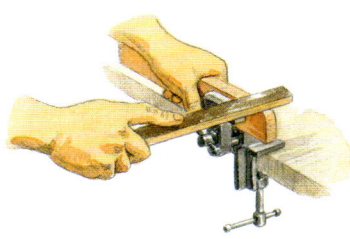

목재를 바이스에 물려 작업대에 고정시키면
혼자서도 일하기가 수월하다.

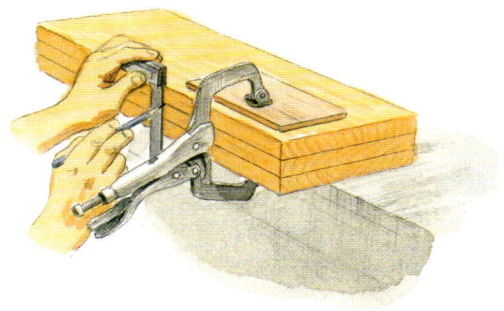

목재를 여러 장 겹쳐 놓고 일을 할 때는
목재가 흐트러지지 않게 조임쇠로
작업대에 고정시킨 다음 하는 것이 좋다.

끈으로 조이기

가구의 문짝을 짤 때는 각재로 문틀을 만들고
무늬가 좋은 판재를 가운데에 무늬목으로 끼우는
일이 많다. 문틀에 판재를 끼운 다음 문틀이
틀어지지 않도록 조임쇠나 끈으로 꽉 조인다.
끈으로 조일 때는 흔적이 남지 않도록 모서리마다
허드레 나무를 댄다. 끈을 여러 바퀴 돌려 팽팽하게
되면 잘 묶은 다음 사이사이에 쐐기를 끼워
조금 더 조여 준다.

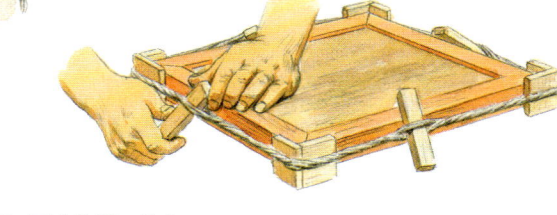

끈
모서리가 많은 가구나 목재를 조일 때
쓴다. 납작한 비닐 끈은 자국이 남지 않아
허드레 나무를 대지 않고도 쓸 수 있다.

조각칼

나무에 글씨나 무늬를 새기는 연장이다. 새김칼이라고도 한다. 그릇을 깎거나 목공예를 할 때 쓴다. 날 모양에 따라 창칼, 둥근칼, 세모칼, 평칼 따위가 있다. 끌과 생김새가 비슷하지만 끌보다 날이 얇아서 결이 곱고 부드러운 나무를 다루기 좋다. 갈무리할 때는 날끼리 닿지 않도록 통에 담거나 주머니에 넣어 둔다.

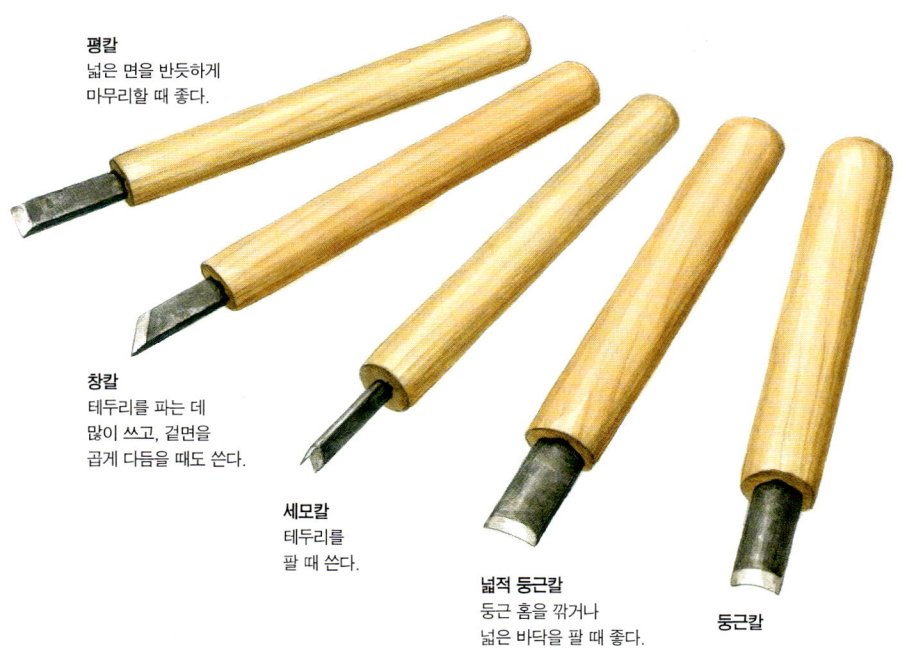

평칼
넓은 면을 반듯하게
마무리할 때 좋다.

창칼
테두리를 파는 데
많이 쓰고, 겉면을
곱게 다듬을 때도 쓴다.

세모칼
테두리를
팔 때 쓴다.

넓적 둥근칼
둥근 홈을 깎거나
넓은 바닥을 팔 때 좋다.

둥근칼

조각칼 주머니
조각칼은 쓰지 않을 때는 꼭 통이나 주머니에 넣어 두어야 한다. 날카로운 연장이기 때문에, 주머니에 넣거나 뺄 때 다치지 않게 조심한다.

갱기 달린 조각칼
나무가 두껍고 단단할 때는 목에 갱기가 있는 조각칼을 쓰면 좋다. 나무 망치로 자루를 쳐도 자루가 쉽게 쪼개지지 않는다. 날이 두껍고 길어 깊은 곳도 팔 수 있다.

갱기

가는 둥근칼

가는 창칼

가는 평칼

굽은칼
우묵한 속을 파낼 때 쓴다.

작은 둥근칼

우리 가구 손수 짜기 95

조각칼 | 조각칼 쓰기

칼을 밀어서 쓰는 일이 많기 때문에 받침대를 받치는 것이 좋다. 조각칼을 쓸 때도 끌을 쓸 때처럼 날이 선 쪽을 깎아 낼 목재 면에 닿게 한다. 한 손으로는 조각칼을 쥐고 다른 손 엄지로는 조각칼 자루를 받친다. 조각칼이 미끄러져 앞으로 나갈 수 있으므로 칼날 앞으로 손을 두지 않는다. 조각칼을 쥔 손의 손날을 바닥에 대고 지렛대처럼 쓰면 힘이 덜 든다.

조각칼 쓰는 자세

받침대
조각할 나무판이 밀리지 않도록 작업대 위에 받침대를 얹어서 쓰면 좋다. 받침대의 턱을 갈라서 모서리를 끼울 수 있게 하면 칼을 쓰기가 좋다.

한 손으로 조각칼을 잡고 다른 손 엄지손가락으로는 칼자루를 받쳐서 조각칼이 빗나가지 않게 한다. 날이 나가는 앞쪽에 손을 놓지 않도록 한다.

조각칼 쥐기

둥근칼로 바탕 파기
검지손가락을 펴서 방향을 잡는다. 넓은 곳을 팔 때는 자루를 길게 쥐는 것이 좋다.

창칼로 모서리 다듬기
좁게 모서리진 곳을 다듬을 때는 자루를 짧게 쥐는 것이 좋다.

창칼로 선 따기
테두리를 그을 때는 세모칼을 쓰거나 창칼을 쓴다. 창칼을 쓸 때는 날을 파낼 목재 면 쪽으로 두고 칼질을 한다.

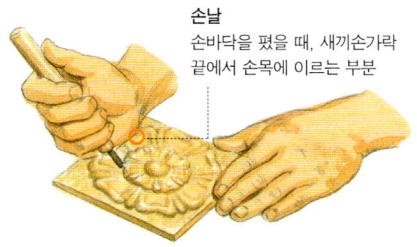

손날
손바닥을 폈을 때, 새끼손가락 끝에서 손목에 이르는 부분

힘주어 파내기
나무가 단단하거나 많이 깎아야 할 때는 자루를 다섯 손가락으로 감싸고 손날을 지렛대처럼 쓴다.

조각칼 갈기

조각칼도 끌과 마찬가지로 앞날과 뒷날을 번갈아 숫돌에 간다. 조각칼은 날이 작고 가볍기 때문에 종이 사포에 갈아서 쓰기도 한다. 유리나 플라스틱으로 된 반듯한 판 위에 사포를 깔고 고른 각도로 칼날을 민다. 둥근칼의 뒷날은 둥근 조각칼 자루에 사포를 감아 밀면 좋다. 초벌 갈기에는 180~200번 사포를 쓰고, 마무리할 때는 1000~1200번 사포를 쓴다.

반듯한 판 위에 사포를 깔고 고른 각도로 칼날을 민다.

둥근칼은 사포에 대고 굴리면서 간다.

조각칼 자루에 사포를 감아 밀기도 한다.

조각칼 | 무늬 새기기

　새기거나 깎으려는 모양을 종이에 그려 나무에 붙이거나 먹지를 대고 베낀다. 바로 나무에 그릴 수도 있다. 나무는 무늬가 없고 결이 부드러워야 깎기 쉽다. 팔만대장경을 새긴 돌배나무나 산벚나무같이 결이 고운 나무가 좋다.

1
종이에 그림을 그린 다음 풀로 붙인다.
나무판 위에 대고 그림을 그리기도 한다.

2
바닥으로 남길 두께를 옆면에 연필로 표시한다.
두께를 고르게 하기 위해 넷째 손가락이나 새끼손가락을
판 뒤에 대고 반듯하게 그어 내린다.

3

먼저 그림의 테두리를 창칼이나 세모칼로 판다.

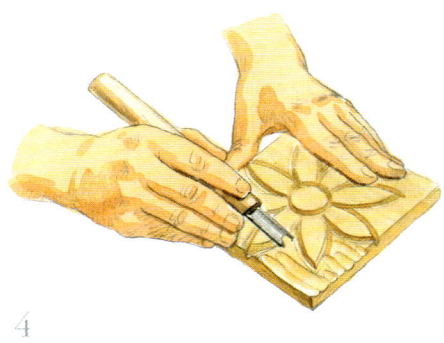

4

둥근칼로 테두리 밖을 고르게 판다. 바닥을 파기 전에 물을 묻혀 종이를 떼어 낸다. 나뭇결이 보여야 조각칼을 쓰기가 쉽기 때문이다.

5

꽃잎이 도드라지게 꽃잎 가장자리를 따라 넓적둥근칼로 찍는다.

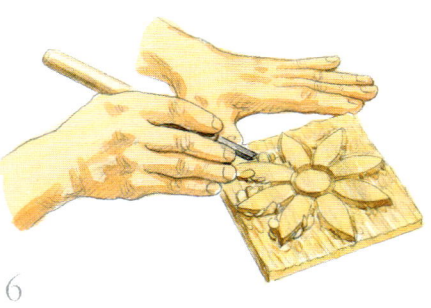

6

넓적둥근칼로 찍어서 나온 나무 부스러기는 세모칼로 걸어 낸다.

7

창칼로 꽃잎 사이사이 바닥까지 고르게 다듬는다.

8

넓적둥근칼로 꽃잎 모서리를 매끈하게 다듬는다. 사포질을 해서 마무리하기도 한다.

우리 가구 손수 짜기 99

도끼, 자귀

도끼는 나무를 찍어서 베어 넘기거나 장작을 팰 때 쓰는 연장이다. 나무를 베는 도끼는 날이 넓고, 장작을 쪼개는 도끼는 날이 좁고 머리가 무겁다. 어떤 도끼든 내 몸에 맞는 길이와 무게를 골라서 쓴다.

자귀는 나무를 깎아 다듬는 연장이다. 도끼와 생김새가 비슷하지만 자귀는 날과 자루가 직각을 이룬다. 자귀질은 자루 길이에 따라 서서 하기도 하고 앉아서 하기도 한다. 자귀질이 손에 익으면 나무 깎은 자리가 대패질만큼이나 곱다. 대패 없이 자귀만으로도 집을 짓거나 반닫이, 돈궤 따위를 짜기도 한다.

도끼와 자귀 모두 날은 쇠로 만들고 자루는 나무로 만든다.

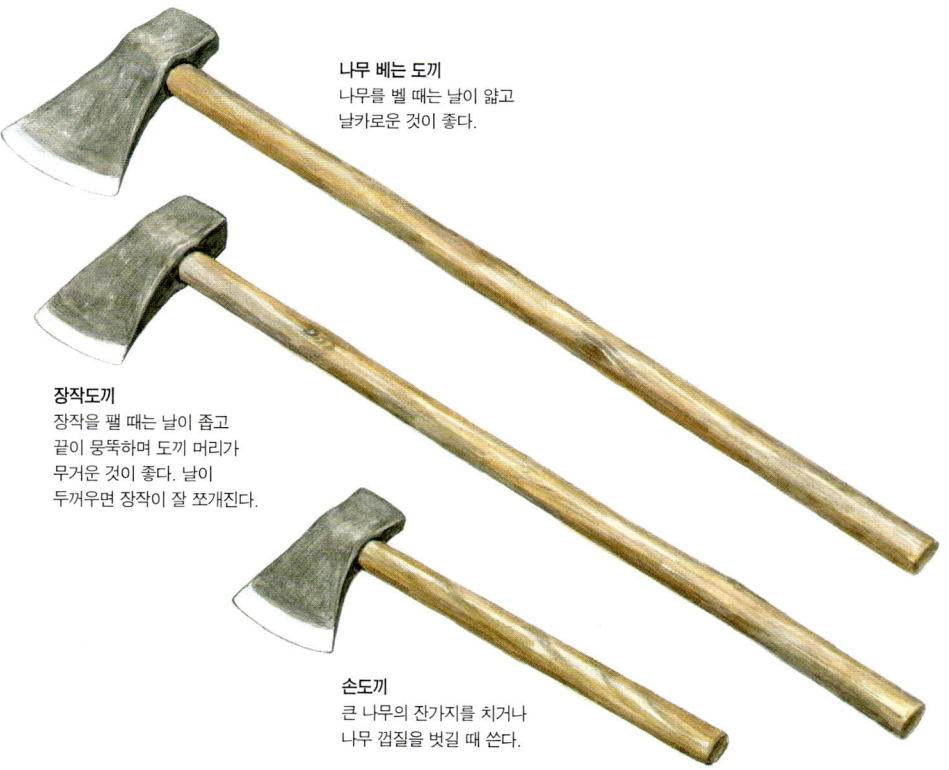

나무 베는 도끼
나무를 벨 때는 날이 얇고
날카로운 것이 좋다.

장작도끼
장작을 팰 때는 날이 좁고
끝이 뭉뚝하며 도끼 머리가
무거운 것이 좋다. 날이
두꺼우면 장작이 잘 쪼개진다.

손도끼
큰 나무의 잔가지를 치거나
나무 껍질을 벗길 때 쓴다.

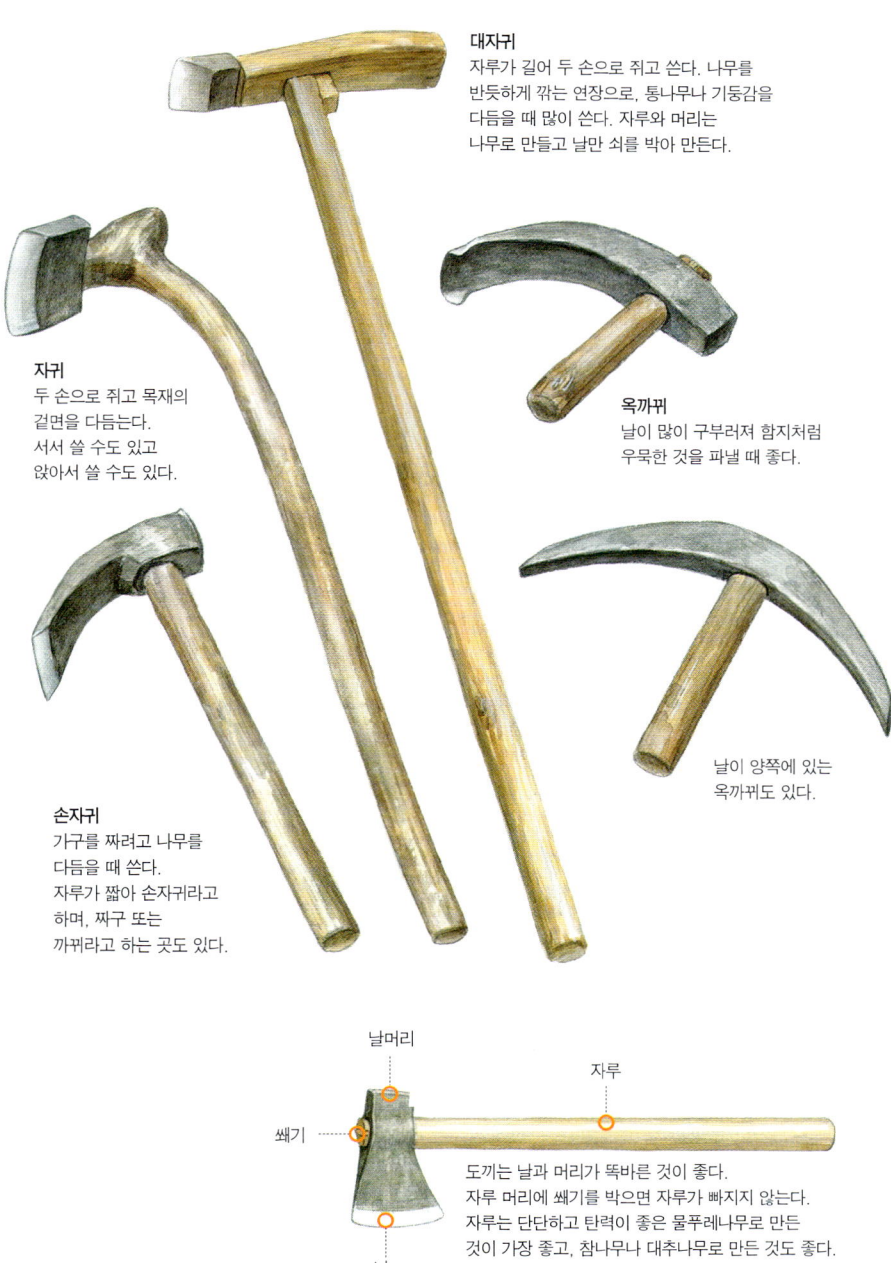

대자귀
자루가 길어 두 손으로 쥐고 쓴다. 나무를 반듯하게 깎는 연장으로, 통나무나 기둥감을 다듬을 때 많이 쓴다. 자루와 머리는 나무로 만들고 날만 쇠를 박아 만든다.

자귀
두 손으로 쥐고 목재의 겉면을 다듬는다. 서서 쓸 수도 있고 앉아서 쓸 수도 있다.

옥까뀌
날이 많이 구부러져 함지처럼 우묵한 것을 파낼 때 좋다.

손자귀
가구를 짜려고 나무를 다듬을 때 쓴다. 자루가 짧아 손자귀라고 하며, 짜구 또는 까뀌라고 하는 곳도 있다.

날이 양쪽에 있는 옥까뀌도 있다.

날머리 · 자루 · 쐐기 · 날

도끼는 날과 머리가 똑바른 것이 좋다. 자루 머리에 쐐기를 박으면 자루가 빠지지 않는다. 자루는 단단하고 탄력이 좋은 물푸레나무로 만든 것이 가장 좋고, 참나무나 대추나무로 만든 것도 좋다.

숫돌

숫돌은 칼이나 낫과 같이 쇠로 된 연장의 날을 갈 때 쓰는 돌이다. 무쇠로 된 연장은 녹이 잘 슬고, 쓰다 보면 무뎌지기 때문에 숫돌에 자주 갈아야 한다. 숫돌은 붙은 숫자가 높을수록 면이 곱다. 면이 거친 숫돌은 초벌 갈기에 쓰고, 면이 고운 숫돌은 마무리 갈기에 쓴다. 숫돌이 반듯하지 않으면 날이 고르게 갈리지 않는다. 날을 갈기 전에 반듯한 유리면 위에 사포를 깔고 숫돌부터 반듯하게 간다. 숫돌은 쓰기 전에 물에 담가 두는 것이 좋다. 마른 숫돌은 뻑뻑해서 쇠가 잘 갈리지 않는다. 날을 갈 때도 물을 뿌리면서 갈아야 더 매끄럽게 잘 갈린다.

숫돌은 10번에서 8000번까지 있다. 숫자가 높을수록 고운 숫돌이다. 300번쯤 되는 거친 숫돌에서 날을 세운 다음 1000번처럼 고운 숫돌로 매끈하게 마무리한다.

숫돌을 쓰기 전에는 반드시 물에 푹 담가서 물을 흠뻑 먹인다. 날을 갈 때도 물이 말라 뻑뻑해지면 다시 물을 뿌린다. 그래야 숫돌이 매끄러워져서 날이 잘 갈린다.

숫돌 바로잡기
숫돌이 판판하지 않으면 날이 고르게 갈리지 않는다. 반듯한 유리판이나 철판 위에 사포나 철가루를 깔고 문지른다.

줄, 환

줄은 쇠를 갈거나 깎고, 환은 쇠가 아닌 것을 갈거나 깎을 때 쓰는 연장이다. 줄로는 톱날을 세우고, 환으로는 가구의 다리 따위를 깎는다. 줄이나 환 모두 갈아 낼 모양에 따라 납작하고 반듯한 것, 둥근 것, 각진 것이 있다. 자루는 있는 것도 있고, 없는 것도 있다. 줄은 워낙 쇠가 강하기 때문에 그라인더로 깎아서 칼이나 조각칼을 만들어 쓰기도 한다.

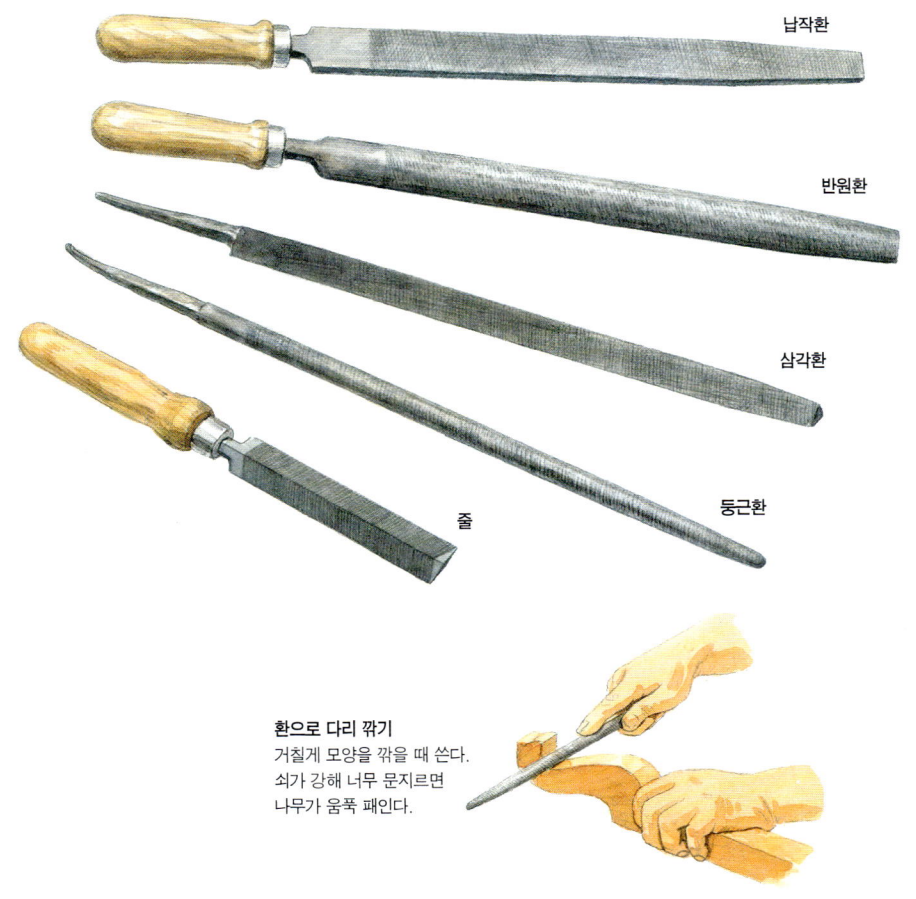

환으로 다리 깎기
거칠게 모양을 깎을 때 쓴다. 쇠가 강해 너무 문지르면 나무가 움푹 패인다.

우리 가구 손수 짜기 103

풀

풀은 여러 가지를 붙일 때 쓰는 재료다. 나무끼리 붙일 때도 쓰고, 가구를 짜 맞출 때도 쓴다. 동물의 뼈와 가죽을 고아서 만든 아교와, 물고기의 부레를 말려서 고아 만든 부레풀이 있다. 아교는 갖풀, 부레풀은 어교라고도 한다.

아교는 빨리 마르고 부레풀은 천천히 마른다. 아교는 가구를 짤 때, 부레풀은 활을 메우거나 자개나 화각 따위를 붙일 때 많이 쓴다. 아교와 부레풀은 몇 번이고 닦아 내고 다시 발라 쓸 수 있어 좋다. 굳은 다음에도 뜨거운 물로 닦아 내면 잘 녹는다. 붙이면서 풀기가 밖으로 배어 나오면 그 자리에서 뜨거운 물수건으로 닦아 낸다.

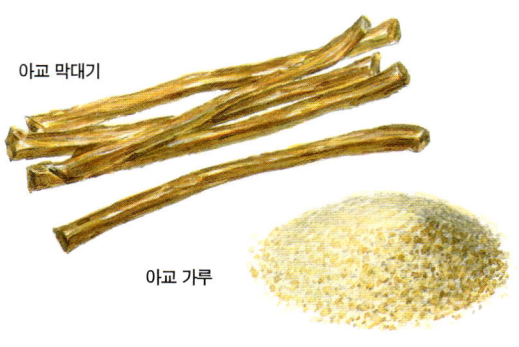

아교 막대기

아교 가루

빛깔이 맑고 깨끗한 것이 좋은 아교다. 아교는 소의 가죽이나 뼈를 석회수에 수십 일 동안 담가서 부드러워지면, 물을 넣고 고아서 굳힌 풀이다. 질누런색이다. 막대기처럼 딱딱하게 굳혀 두거나 가루를 내어 두었다가 녹여서 쓴다.

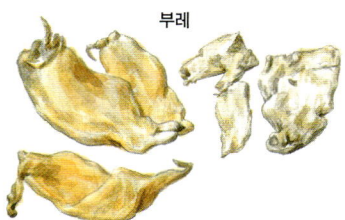

부레

아교 녹이기
아교와 부레풀 모두 약한 불 위에서 중탕으로 녹인다. 아교 막대기는 쓰기 전에 하루 반쯤 물에 담가 두어 충분히 불려서 퍼지게 한다.
아교 무게의 1.5~2배의 물을 붓고 75~80℃로 다섯 시간 정도 끓인다.

부레풀은 물고기의 공기주머니인 부레를 말린 뒤에 고은 것이다. 부레풀은 천천히 마르고 굳은 다음에도 붙인 자리가 딱딱해지지 않아, 활처럼 낭창낭창한 것을 붙이기 좋다.

아교칠하기

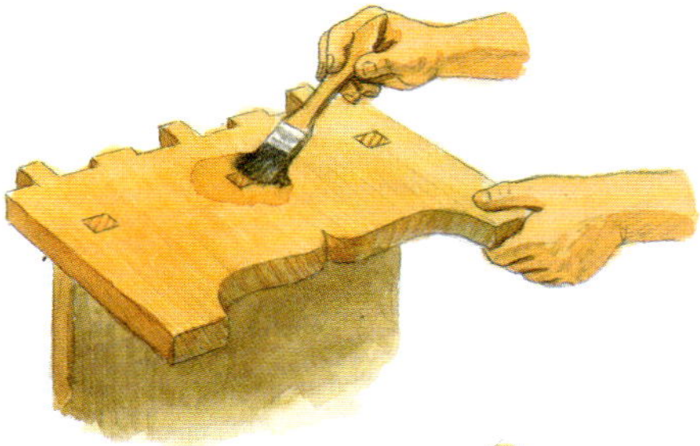

배어 나온 아교는 뜨거운
물수건으로 닦아 내면 잘 닦인다.
마른수건으로 남아 있는
물기를 마저 닦아 낸다.

촉과 구멍 양쪽에 아교칠을 한다. 나이테가 있는 마구리에서는
잘 붙지 않는다. 겨울철에는 아교가 빨리 굳기 때문에 잘 안 붙을 수도 있다.
난롯가에 놓아 두면 녹아서 다시 잘 붙는다.

집에서 아교 녹이기

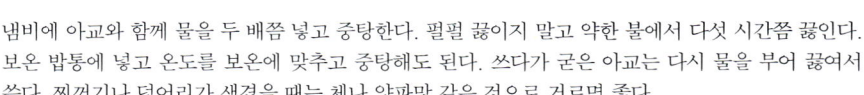

냄비에 아교와 함께 물을 두 배쯤 넣고 중탕한다. 펄펄 끓이지 말고 약한 불에서 다섯 시간쯤 끓인다.
보온 밥통에 넣고 온도를 보온에 맞추고 중탕해도 된다. 쓰다가 굳은 아교는 다시 물을 부어 끓여서
쓴다. 찌꺼기나 덩어리가 생겼을 때는 체나 양파망 같은 것으로 거르면 좋다.

사포

사포는 한쪽 면에 고운 유릿가루나 모래 가루가 붙어 있는 천이나 종이다. 꺼끌꺼끌해서 쇠나 나무의 거죽을 문질러 곱게 갈 때 쓴다. 연장을 갈거나 숫돌을 다듬을 때도 쓴다. 요즘은 전기로 움직이는 사포도 있다. 사포가 없던 옛날에는 지푸라기나 수세미오이 속을 말려서 갈기도 했다.

사포질을 할 때는 사포를 손에 감아서 문지르기도 하고, 나무 토막에 감아서 쓰기도 한다. 사포는 번호가 높을수록 면이 보드랍고 사포질도 곱게 된다.

종이 사포와 천 사포
종이 사포는 나무를 문지를 때 많이 쓰고, 천 사포는 쇠를 문지를 때 많이 쓴다. 종이 사포보다는 천 사포가 조금 더 거칠고 두껍다. 천 사포는 40~400번이, 종이 사포는 80~2000번이 있다. 초벌 사포질에는 번호가 낮은 거친 사포를 쓰고, 마무리할 때는 고운 사포를 쓴다.

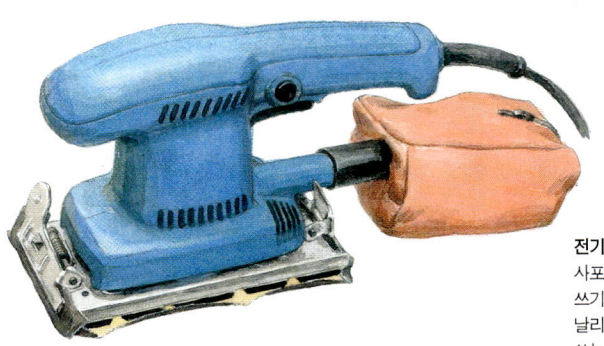

전기 사포
사포질을 많이 해야 할 때는 전기 사포를 쓰기도 한다. 소리가 크고 가루가 많이 날리기 때문에 마스크와 보호 안경을 쓰는 것이 좋다.

사포질하기

손에 맞게 오려서 쓰는 것이 좋다.
나뭇결 방향으로 문지른다.

나무 토막에 사포를 감아서
문지르기도 한다.

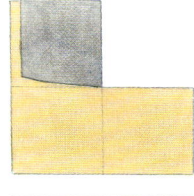

모서리를 부드럽게 다듬을 때도
사포를 쓴다.

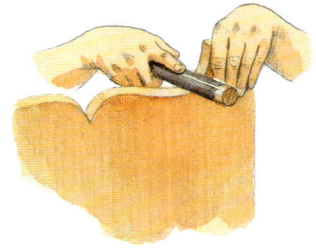

문지를 자리에 따라 둥근 나무 토막에
감아서 쓰기도 한다.

사포 접어서 쓰는 법
사포 한 장을 통째로 쓰기에는 좀 넓다.
오려서 쓰기도 하고 접어서 쓰기도 한다.

방진 마스크
사포질은 먼지가 많이 나는 일이다.
방진 마스크를 쓰고 하는 것이 좋다.

전기 사포를 쓸 때도 손으로 문지를 때와
마찬가지로 나뭇결을 따라 움직인다.

전기 드릴

　전기 드릴은 구멍을 뚫거나 나사못을 박을 때 쓰는 전기 연장이다. 전기 코드를 꽂아서 쓰는 것과 충전해서 쓰는 것 두 가지가 있다. 전기 코드를 꽂아 쓰는 것은 힘이 세고, 충전해서 쓰는 드릴은 전깃줄이 없어 쓰기 편하다. 날을 바꿔 끼우면 목재뿐 아니라 콘크리트나 쇠를 뚫기도 한다. 날을 끼우는 곳을 척이라고 하고 척에 끼워 쓰는 전기 드릴 날은 비트라고도 한다. 구멍을 뚫는 날과 나사못을 박는 날이 있다.

전기 드릴

척
날을 꽂는 곳

방향 조절 누름쇠
나사못을 끼울 때는 오른쪽으로 돌리고
나사못을 뺄 때는 왼쪽으로 돌린다.

척 조이개
날을 꽂고 빼기 위해
척을 조이거나 풀 때 쓴다.

속도 조절 다이얼

회전 고정 누름쇠

전원 누름쇠

충전 드릴

목공용 날
끝이 뾰족해서 나무에
구멍을 뚫을 때 나뭇결이
뜯기지 않는다.

콘크리트용 날
콘크리트에 구멍을
뚫을 때 쓴다.

드라이버
나사못을 박을 때
쓴다.

구멍뚫기

나사못 박기
못머리에 맞는 드라이버를 끼운 다음 드릴과 못머리를 나란히 해서 박는다.

일반 나사못
목공용 나사못

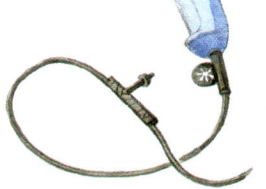

일반 나사못은 머리끝까지 나사산이 있는데, 목공용 나사못은 머리 아래쪽에는 나사산이 없이 매끈하다. 그래서 나무끼리 조일 때 나사못을 끝까지 돌리면 반대쪽 목재가 당겨지면서 좀 더 단단하게 조여진다.

드릴로 구멍을 뚫을 때 허드레 나무를 밑에 대면 구멍이 뚫리면서 나뭇결이 뜯기지 않아 좋다.

척 조이개를 전깃줄에 테이프로 붙여 놓으면 잘 잃어버리지 않고 쓰기도 쉽다.

날 끼우기

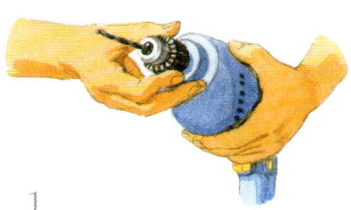

1
날이 척의 한가운데에 오게 꽂는다.

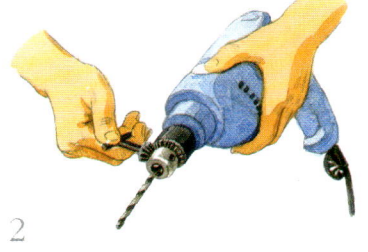

2
날을 꽂은 다음, 날이 움직이지 않게 척 조이개로 꽉 조인다.

스크롤 톱

스크롤 톱은 전기로 움직이는 실톱이다. 목재에 여러 가지 문양을 팔 때 쓴다. 스카시 톱이라고도 한다. 받침대 위에 목재를 올려놓고 앞으로 밀면 톱날이 오르내리면서 목재를 자른다. 받침대를 틀어서 쓸 수도 있다. 톱날이 얇아서 잘 닳기 때문에 자주 갈아야 한다. 무리하게 힘을 주면 날이 부러지기도 한다. 날을 바꿔 끼우면 목재뿐 아니라 쇠나 플라스틱도 자를 수 있다.

스크롤 톱은 제자리에 놓고 쓰는 연장이다. 바닥에 두고 쓰기도 하고 탁자에 올려 두고 서서 쓰기도 한다. 고운 톱밥이 날리므로 마스크를 쓰는 것이 좋다. 전깃줄은 걸리거나 밟지 않도록 반드시 뒤쪽에 두고 쓴다.

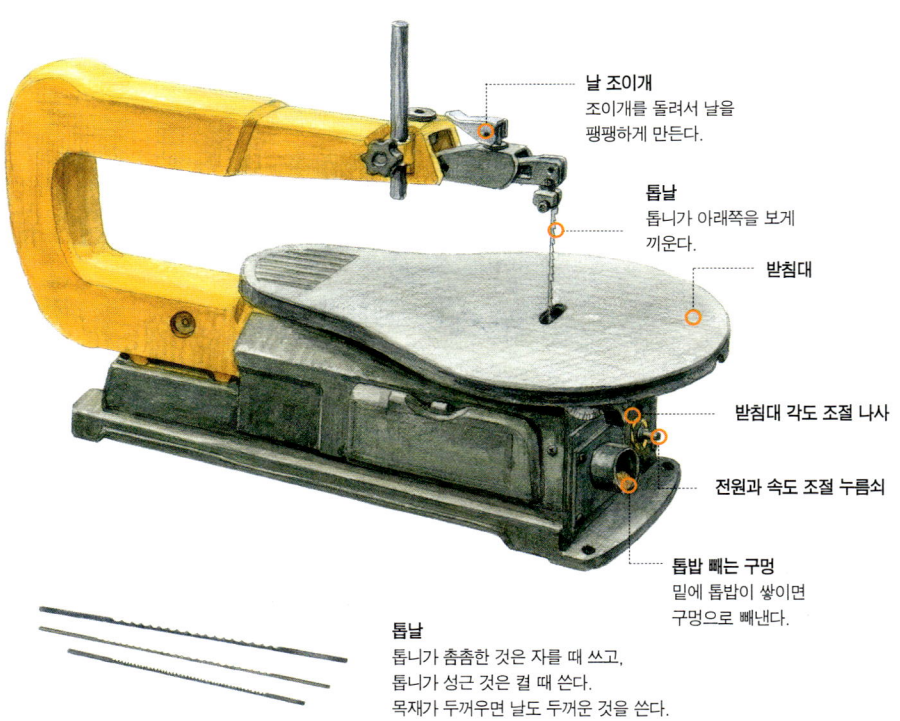

날 조이개
조이개를 돌려서 날을 팽팽하게 만든다.

톱날
톱니가 아래쪽을 보게 끼운다.

받침대

받침대 각도 조절 나사

전원과 속도 조절 누름쇠

톱밥 빼는 구멍
밑에 톱밥이 쌓이면 구멍으로 빼낸다.

톱날
톱니가 촘촘한 것은 자를 때 쓰고, 톱니가 성근 것은 켤 때 쓴다. 목재가 두꺼우면 날도 두꺼운 것을 쓴다.

스크롤 톱으로 톱질하기

받침대를 틀어서 목재를
비스듬하게 자를 수도 있다.

스크롤 톱은 작고 복잡한
모양도 쉽게 자를 수 있다.
무리하게 힘을 주면
날이 부러질 수 있다.
날이 움직이면 목재를 대고
원하는 방향으로 천천히
밀어 준다.

날 갈아 끼우기

1

스크롤 톱은 날이 쉽게 닳는다.
육각 렌치를 끼워 시계 방향으로
돌려서 날이 헐거워지면 새 날로
바꿔 끼운 다음 다시 꽉 조인다.

2

날을 바꿔 끼운 다음 조이개를
돌려 날을 팽팽하게 만든다.

3

다 조였으면 조이개를 다시
꺾어 놓는다.

우리 가구 손수 짜기 111

직소

직소는 전기로 움직이는 톱이다. 들고 쓸 수 있기 때문에 큰 판재나 긴 각재에도 쓸 수 있다. 반듯하게 자를 수도 있고, 구부러진 모양을 자를 때도 쓴다. 손잡이를 쥐고 앞으로 밀면 날이 아래위로 움직이면서 목재를 자른다.

날에 따라 목재뿐만 아니라 쇠나 플라스틱도 자를 수 있다. 목재용 날에는 켜는 날과 자르는 날이 있다. 목재 두께에 따라 톱날의 길이가 다르다.

직소는 전기 연장이기 때문에 조심해서 다루어야 한다. 무리하게 힘을 주면 날이 부러질 수 있으므로 목재에 바싹 대고 천천히 밀어야 한다. 톱니가 위쪽을 보고 있어서 톱밥이 위로 튈 수도 있다. 그러므로 꼭 얼굴 보호 장비를 쓰고 일한다. 전깃줄이 발에 걸리거나 밟히지 않도록 반드시 몸 뒤쪽에 두고 움직인다.

날 조임쇠
나사못이 박혀 있다. 나사못을 돌려 날을 조이거나 풀어서 새 날로 바꿔 끼운다.

속도 조절 다이얼

전원 누름쇠

켜는 날

자르는 날

직소 날
톱과 마찬가지로 자르는 날과 켜는 날이 있다.
목재 두께에 따라 날 길이를 다르게 쓴다. 구부러진 모양을 자를 때는 좁고 가는 날을 많이 쓴다. 제조 회사에 따라 날 모양이 조금씩 다르다.

날

톱날 각도 조절 다이얼

받침대
직소를 나무에 바싹 붙여서 움직일 수 있게 받쳐 준다.

받침대 조절용 육각 렌치

직소로 자르기

직소를 쓰기 전에 날과 받침대가 직각을 이루는지 살핀다. 받침대를 목재에 반듯하게 붙인 다음 천천히 앞으로 민다.

받침대를 꺾어서 판재를 사선으로 뉘어 자를 수도 있다.

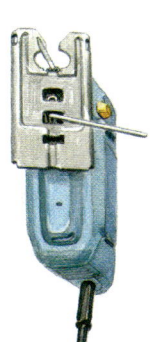

받침대 밑에 육각 렌치를 넣어 돌리면 받침대를 비스듬하게 꺾을 수 있다.

전기 연장을 쓸 때는 안전 장비를 꼭 갖추고 일을 한다. 날 앞에 손을 두지 않도록 하고 침착하게 움직여야 한다. 전원은 자르기 바로 전에 켜고, 자르고 난 다음에는 전원부터 끄고, 기계가 멈춘 다음에 들어올린다. 선은 반드시 몸 뒤쪽으로 두고 쓴다.

트리머

트리머는 전기로 움직이는 연장이다. 대패나 끌처럼 홈을 파거나 모서리를 다듬을 때 쓴다. 날이 빠르게 돌아가면서 나뭇밥이 세게 튀기 때문에 꼭 보호 안경을 쓰고 앞치마를 두르는 것이 좋다. 나무에 대기 바로 전에 전원을 켜고, 일을 마칠 때는 전원부터 끄고 날이 완전히 멈춘 다음에 트리머를 들어올린다. 모서리를 다듬을 때는 마구리부터 다듬는 것이 좋다. 전깃줄은 걸리지 않도록 꼭 몸 뒤쪽에 두고 일한다.

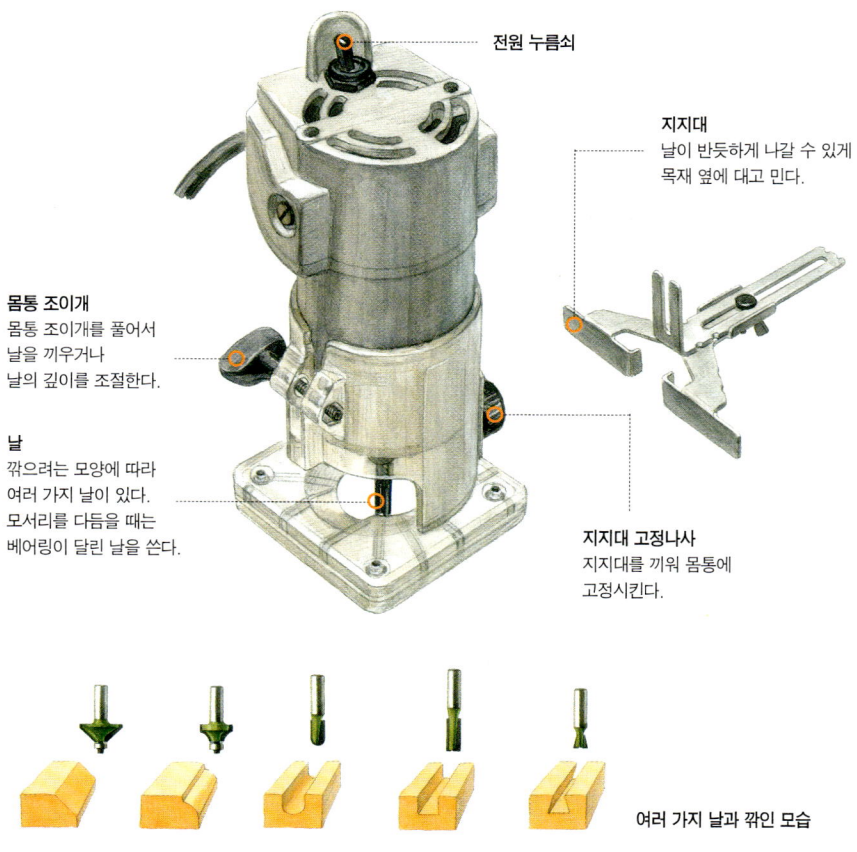

전원 누름쇠

지지대
날이 반듯하게 나갈 수 있게 목재 옆에 대고 민다.

몸통 조이개
몸통 조이개를 풀어서 날을 끼우거나 날의 깊이를 조절한다.

날
깎으려는 모양에 따라 여러 가지 날이 있다. 모서리를 다듬을 때는 베어링이 달린 날을 쓴다.

지지대 고정나사
지지대를 끼워 몸통에 고정시킨다.

여러 가지 날과 깎인 모습

홈 파기

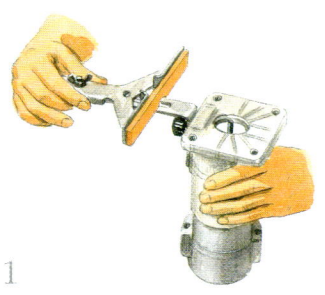

1
먼저 지지대를 몸통에 끼운다.

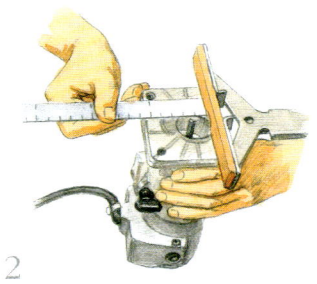

2
홈의 위치를 정하고 날에서 지지대까지 너비를 잰다.

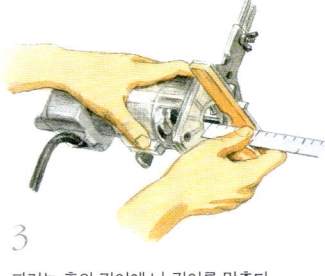

3
파려는 홈의 깊이에 날 길이를 맞춘다.

지지대에 널빤지 대기
지지대 가운데가 뚫려 있어서 시작할 때 목재 모서리가 걸릴 수 있다. 지지대 앞을 널빤지로 막아서 쓰면 좋다.

4
나무가 움직이지 않게 조임쇠로 조여서 미리 작업대에 단단히 붙여 둔다. 1cm 깊이를 파더라도 두세 차례에 나누어 파는 것이 안전하다. 전깃줄이 뒤로 넘어가 있는지 살펴본 다음 전원을 켜서 목재에 댄다. 트리머가 흔들리지 않도록 한 손으로는 누르고 다른 손으로 천천히 민다.
일이 끝난 다음에는 전원부터 끄고 날이 다 멈춘 다음에 트리머를 들어올린다.

가구 짜기

설계하기
마름질하기
짜 맞추기
오동나무 지지기
먹칠하기, 흙가루칠하기
사포질하기
기름칠하기
장식 달기
책상 짜기
책장 짜기
반닫이 짜기

설계하기

가구를 짜기에 앞서 어떤 가구를 짤 것인지 정하고, 어디에 둘 것인지, 어떤 나무를 쓰면 좋을지도 곰곰이 따져 본다. 머릿속으로 생각한 것들을 종이에 옮겨 설계도를 그린다.

가구를 설계할 때는 연필, 모눈종이, 삼각자, 축척자 들이 필요하다. 모눈종이를 쓰면 선을 긋는 일을 쉽고 빠르게 할 수 있다. 축척자는 실물을 일정하게 줄여서 그릴 때 편하다. 자나 컴퍼스도 쓸모에 따라 종류를 갖춰 두면 좋다.

선을 그을 때는 가늘고 고르게 그어야 한다. 연필심은 너무 무르거나 단단하지 않은 것을 고른다. 샤프심도 마찬가지다. 연필심을 너무 뾰족하게 깎으면 부러지기 쉽다. 납작하게 깎는 것이 선을 고르게 긋기 좋다. 실제 가구를 짜려면 도면에 실물 치수를 적어 두는 것이 중요하다.

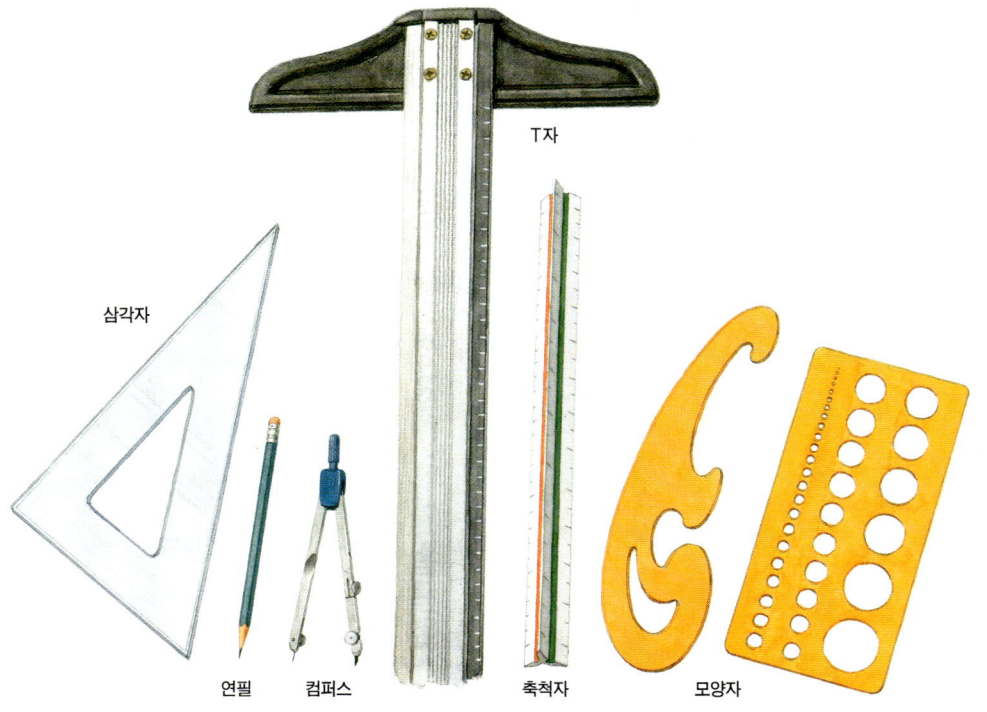

도면 그리기

　설계도는 앞에서 보고 그린 정면도, 위에서 보고 그린 평면도, 옆에서 보고 그린 측면도가 있다. 이 밖에 가운데를 잘라서 보여 주는 단면도, 가려진 곳까지 그려 주는 투시도, 필요에 따라 가구의 한 곳만 크게 그린 상세도 따위가 있다. 실물 크기의 도면을 그려 보면 가구를 만든 뒤 실제로 쓰는 데 어려움은 없는지 가늠하기 쉽다.
　제대로 가구를 짜려면 설계도에 정확한 실물 크기와 두께를 꼭 적어야 한다.

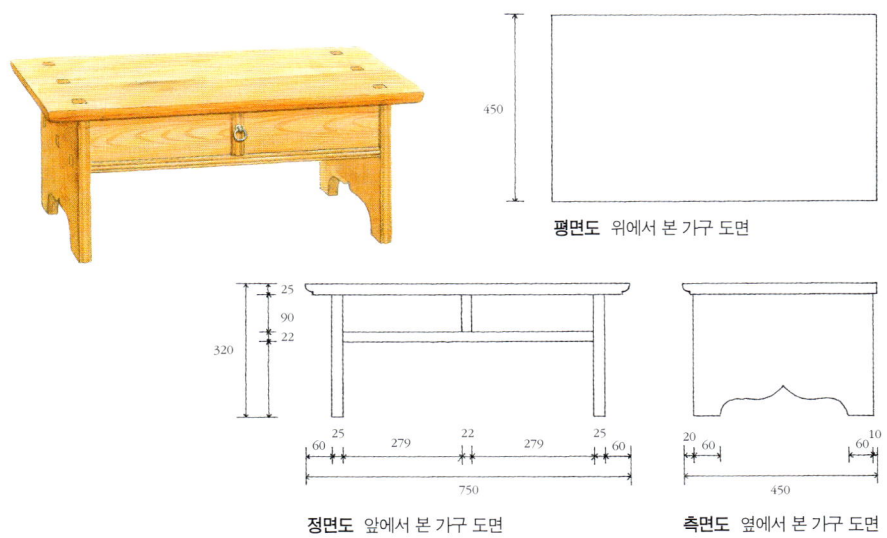

평면도　위에서 본 가구 도면

정면도　앞에서 본 가구 도면

측면도　옆에서 본 가구 도면

앞면　　옆면

연필심을 납작하게 깎으면 고르고 가는 선을 그리기가 좋다.

연필심과 선, 선의 종류

　연필은 연필심의 무르고 단단하기에 따라 B, BH, H가 있다. B에서 H로 갈수록 심이 단단하고 함께 있는 숫자가 클수록 그 성질이 강하다. 곧, 10H가 가장 단단하고 옅으며 8B가 가장 무르고 진하다. 심을 너무 뾰족하게 깎으면 부러진다. 고르고 가는 선을 그으려면 심을 납작하게 깎는 것이 좋다.
　선을 그을 때는 연필을 바른 자세로 가볍게 쥔 다음, 처음부터 끝까지 고르게 힘을 준다. 반듯한 선은 한 번에 그리는 것이 좋고, 둥근 선은 여러 번에 나누어서 모양을 살려 그리는 것이 좋다. 컴퍼스나 모양자를 쓰기도 한다.

실선 ———	바깥 테두리를 그릴 때 쓴다.
점선 ········	보이지 않는 부분을 그릴 때 쓴다.
길이 ←——→	길이를 표시할 때 쓴다.

마름질하기

　가구를 짤 나무를 고를 때는 기둥감을 먼저 고른다. 기둥감으로는 틀어짐이 적은 결이 곧은 나무를 쓴다. 먼저 긴 기둥감부터 고르고 점점 짧은 것을 고른다. 판재감을 고를 때는 무늬를 살핀다. 쓸 자리에 따라 곧은결이나 무늿결을 골라 쓰는 것이 좋다.

　나무는 온도와 습도에 민감하다. 작업실에 두었던 나무는 금방이라도 쓸 수 있지만 작업실 밖에 두었던 나무는 날이 궂거나 추울 때는 갑자기 꺼내거나 옮기지 말아야 한다. 온도와 습도가 갑자기 바뀌면 나무가 틀어지거나 갈라질 수 있다. 목재를 쓰기 1주일에서 열흘 전에 미리 작업실 안에 들여서 작업실의 습도와 온도에 적응시키는 것이 좋다.

　목재를 쓰려는 크기에 맞추어 재고 자르는 일을 마름질이라고 한다. 마름질은 한 번에 다 하지 않고 초벌, 재벌로 나누어 한다. 먼저 여유를 두어 초벌로 마름질을 해 놓았다가 다시 정확하게 재벌 마름질을 해서 가구를 짠다. 일을 하는 사이에도 목재는 마르고 틀어질 수 있기 때문이다.

나무 종류를 정하고 결을 살펴 판재를 고른다. 결이 곧은 나무는 가구 기둥감으로, 무늿결로 켜진 판재는 판재감으로 쓰기 좋다. 한데 두고 오래 말린 나무는 햇볕과 바람에 색이 바래지만, 겉면을 조금만 깎아 내면 목재 본래의 색이 나온다.

판재를 고른 다음 쓰려는 목재의 크기보다 2~5cm쯤 여유를 두고 자른다. 옹이가 있거나 갈라진 곳은 빼고 쓰는 것이 좋다.

먹통을 나무에 걸고 먹줄을 퉁겨서 나무에 반듯한 선을 긋는다.

먹통
먹물이 묻은 실을 나무 위에 대고 퉁겨서 반듯한 선을 긋는 연장이다. 가구를 짜거나 집을 지으려고 나무를 마름질할 때 쓴다.

먹줄을 따라 켜는 톱으로 반듯하게 톱질한다. 틀톱은 밀 때 힘을 준다.

짜 맞추기

좋은 가구는 못을 박지 않고 홈이나 구멍, 턱 따위를 만들어 목재끼리 서로 맞춘다. 잘 짜 맞춘 가구는 쇠못을 박지 않아도 틀어지거나 흔들리지 않으며, 고쳐 가면서 수백 년 동안 쓸 수 있다.

많이 쓰는 맞춤 방법으로는 맞붙임[124], 턱맞춤[126], 주먹장 사개맞춤[132], 연귀맞춤[136], 장부맞춤[140] 따위가 있다. 목수들은 '맞춤' 대신에 '짜임'이라는 낱말을 넣어 맞짜임, 턱짜임, 주먹장 사개짜임, 연귀짜임, 장부짜임이라고도 한다.

맞붙임은 촉이나 구멍 없이 아교를 발라 판재와 판재, 각재와 각재를 이어 붙이는 방법이다. 턱맞춤은 양쪽 나무에 턱을 내어 맞추는 방법이고, 주먹장 사개맞춤은 판재에 촉을 내어 손가락끼리 깍지 낀 모양으로 맞추는 방법이다. 연귀맞춤은 판재와 각재를 사진틀 모서리처럼 어슷하게 맞춘 것이고, 장부맞춤은 나무에 촉과 구멍을 내어 서로 끼워 맞추는 방법이다.

가구를 튼튼하게 짜려면 촉과 구멍을 잘 맞추어야 한다. 촉이나 구멍을 낼 때는 틈이 생기지 않도록 정확하게 자르고 판다. 맞추는 자리에는 아교를 바르고, 맞춘 다음에는 조임쇠로 조여 단단히 붙을 때까지 기다린다. 맞춤 위에 나무못이나 장식을 박아 더 튼튼하게 만들기도 한다.

맞붙임
각재와 각재, 판재와 판재를 맞대어 아교로 붙인다.

턱맞춤
목재 면에 홈이나 턱을 파서 다른 목재를 끼우는 방법이다. 턱끼움이라고도 한다.

반턱맞춤
한쪽에만 턱을 내서 맞추거나 양쪽 목재를 모두 반턱씩 깎아 맞춘다.

사개맞춤
양쪽 판재에 여러 개의 촉을 내어 깍지를 끼우는 것처럼 끼워 맞춘다.

주먹장 사개맞춤
모양이 깍지를 낀 주먹 같아서 촉을 주먹장이라 하고, 주먹장끼리 끼워 맞춘 것을 주먹장 사개맞춤이라고 한다.

선반 끼우기
턱맞춤으로 판재와 판재를 맞추는 방법이다. 마구리가 홈에 꽉 끼이게 한다.

장부맞춤
한쪽에는 촉을 내고 다른 쪽에는 구멍을 뚫어 서로 맞추는 방법이다.

숨은장부맞춤
장부촉의 길이를 짧게 해서 촉이 밖으로 보이지 않게 한다.

장부맞춤＋쐐기 박기
장부맞춤을 더 튼튼하게 하려고 촉에 쐐기를 박기도 한다.

장부맞춤＋산지못 끼우기
장부촉을 길게 내서 구멍을 뚫은 다음 산지못을 끼운다.

연귀맞춤
양쪽 모서리를 비스듬히 잇는 방법이다.

연귀턱맞춤
구멍을 뚫지 않고 턱을 내어 맞춘 연귀맞춤이다.

제비초리맞춤
연귀촉을 제비초리 모양으로 뾰족하게 다듬은 맞춤이다.

짜 맞추기 | 맞붙임

맞붙임은 각재와 각재, 판재와 판재를 그냥 맞대어 아교로 붙이는 방법이다. 넓은 판재를 만들려고 폭이 좁은 나무끼리 이어 붙일 때도 쓰고, 먹감나무나 느티나무 같은 무늬목을 얇게 켜서 오동나무나 소나무에 붙일 때도 쓴다.

좁은 판을 여러 쪽 붙여서 넓게 만든 판을 부판이라고 한다. 오동나무로 많이 만든다. 오동나무는 아교로 붙이면 잘 붙고, 붙인 자국이 드러나지 않는다. 통판으로 쓰는 것보다 나뭇결을 엇갈려서 붙여 쓰면 오히려 틀어짐이 덜하다. 판재와 판재 사이에 홈을 파서 심을 끼우면 좀 더 튼튼하다.

부판하기

1
붙일 두 면을 대패로 함께 다듬는다.

2
세워서 아교칠을 할 때는 아교가 흐르지 않도록 아래에서 위로 붓질한다.

3
판판한 바닥에 대고 반듯하게 붙인다.

4
붙인 다음에는 조임쇠로 조인다.
틀어지지 않게 위아래에서 각각 조인다.
조인 다음에 아교가 다 굳을 때까지 하루 밤낮을 그대로 둔다.

심지 끼우기

1
홈에 맞게 심을 다듬는다. 심은 판과 같은 나무나, 그보다 단단한 나무로 만드는 것이 좋다.

2
홈대패로 판에 홈을 판 다음, 심이 잘 맞는지 끼워 본다.

3
홈에 먼저 아교를 바르고 심을 끼워 넣고 다시 아교를 바른다. 아교가 흐르지 않게 아래에서 위로 붓질한다.

4
망치로 살살 때려서 홈에다 심을 꼭 끼운다.

5
허드레 나무로 지지대를 대고 조임쇠로 앞뒤, 위아래에서 다 조인다. 튀어나온 심은 조임쇠를 떼어 낸 다음 나중에 잘라 낸다.

우리 가구 손수 짜기

짜 맞추기 | 턱맞춤

  턱맞춤은 목재 면에 홈이나 턱을 파서 다른 목재의 머리를 끼워 맞추는 방법이다. 턱끼움이라고도 한다. 각재에 판재를 끼울 때도 쓰고 판재끼리 맞출 때도 쓴다. 책장 선반이나 서랍 밑판 따위를 만들기 좋다. 좁은 홈은 홈대패로 밀고 넓은 홈은 끌로 판다. 턱은 양쪽에 내기도 하고 한쪽에만 내기도 한다. 각재에 알판을 끼울 때는 너무 빡빡하지 않게 한다. 여름에 날이 습하면 나무가 옆으로 늘어날 수 있기 때문이다. 선반을 짤 때는 마구리가 홈에 끼워지도록 하고 틈이 없게 꼭 맞춘다.

알판 끼우기

2
판이 홈에 잘 맞는지 끼워 본다. 꽉 끼지 않도록 홈에 여유를 둔다. 여름철에 판이 늘어날 수도 있기 때문이다. 아교도 바르지 않는다.

1
기둥이 될 나무에 홈을 판다. 홈대패로 밀기도 하고 끌로 파기도 한다.

선반 끼우기

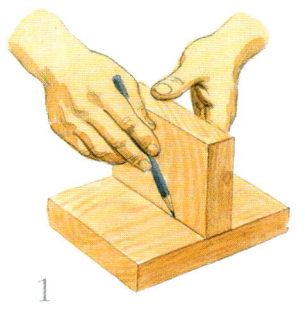

1
끼울 목재를 대고, 파야 할
홈의 두께를 표시한다.
마구리 쪽이 홈에 끼워지게 한다.

2
표시한 두께 위에 직각자를 대고 다시 반듯하게
선을 그린다. 끌질이나 톱질이 수월하도록 연필로
그은 선 위에 그무개나 창칼로 다시 긋는다.

3
옆면에도 그무개로 파낼 두께를 표시한다.

4
폭이 넓을 때는 끌로 파는 것이 좋다.
뒷날을 벽에 대고 날이 선 쪽을 안쪽으로
보게 해서 끌질한다.

5
망치로 쳐서 옆에서 밀어넣으면서 끼운다.
선반을 만들 때는 판재끼리 꽉 맞게 끼운다.

짜 맞추기 | 반턱맞춤

한쪽에만 턱을 내서 맞추거나 양쪽 목재를 모두 반턱씩 깎아 맞추는 방법이다. 따낸 턱 위에 맞추려는 목재의 마구리를 댄다. 작은 상자나 서랍을 짜기 좋다. 오동나무는 아교를 바르면 잘 떨어지지 않는다. 거기에 나무못을 함께 쓰면 더 튼튼하다. 나무못은 대나무나 단단한 참나무 따위로 만든다.

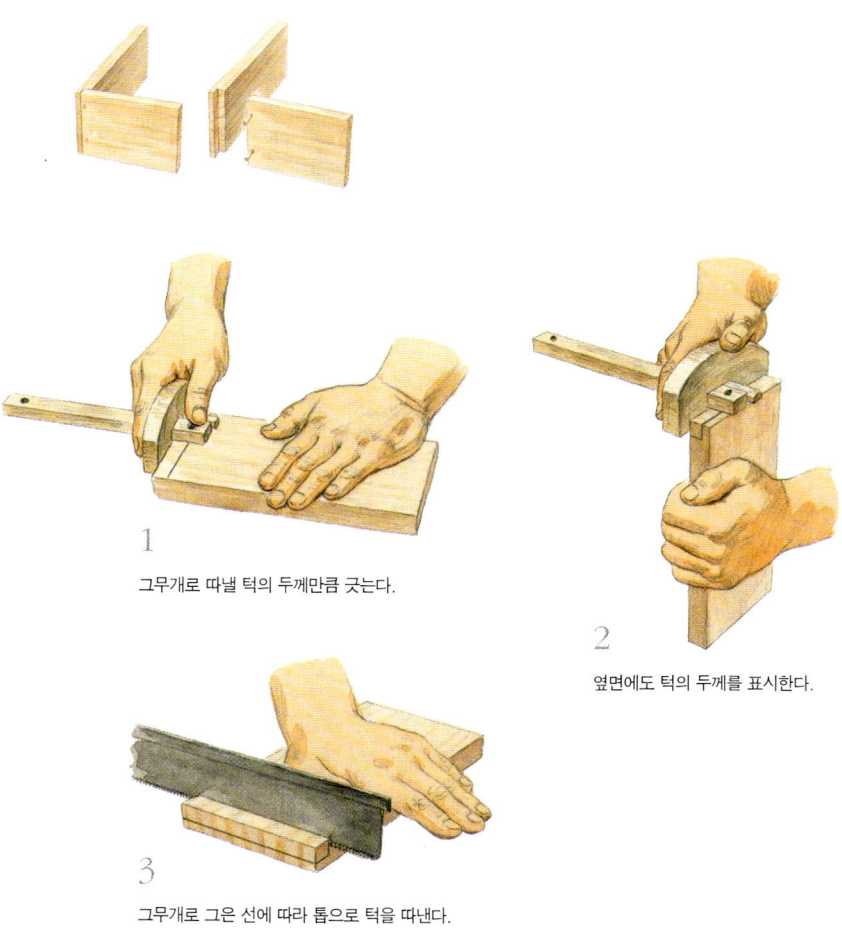

1
그무개로 따낼 턱의 두께만큼 긋는다.

2
옆면에도 턱의 두께를 표시한다.

3
그무개로 그은 선에 따라 톱으로 턱을 따낸다.

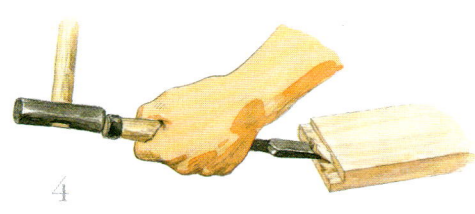

4

마구리는 톱보다 끌로 따내는 것이 빠르고 쉽다.

5

느티나무나 참죽나무와 같이 단단한 나무는
못을 박을 자리에 먼저 송곳이나 드릴로 구멍을 낸다.

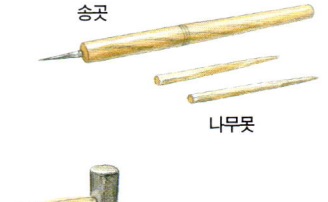

송곳

나무못

6

마구리에 아교를 발라 붙인다.
흘러나온 아교는 물수건으로 닦는다.

7

아교가 어느 정도 마르면 나무못에 아교를 발라
비스듬하게 박는다.

8

튀어나온 나무못은 톱으로 잘라 낸다.

짜 맞추기 | 사개맞춤

사개맞춤은 판재끼리 맞출 때 쓰는 방법이다. 양쪽 판재에 촉을 여러 개 내어 깍지를 끼우는 것처럼 끼워 맞춘다. 맞닿는 면이 많기 때문에 가구를 짰을 때 튼튼하다. 가구 위판과 옆판을 맞출 때나 큰 서랍을 짤 때 쓴다. 촉은 나이테가 보이는 마구리에 내야 한다. 촉의 마구리가 드러나기 때문에 소나무나 느티나무처럼 나이테가 뚜렷한 목재를 쓰면 보기에도 좋다.

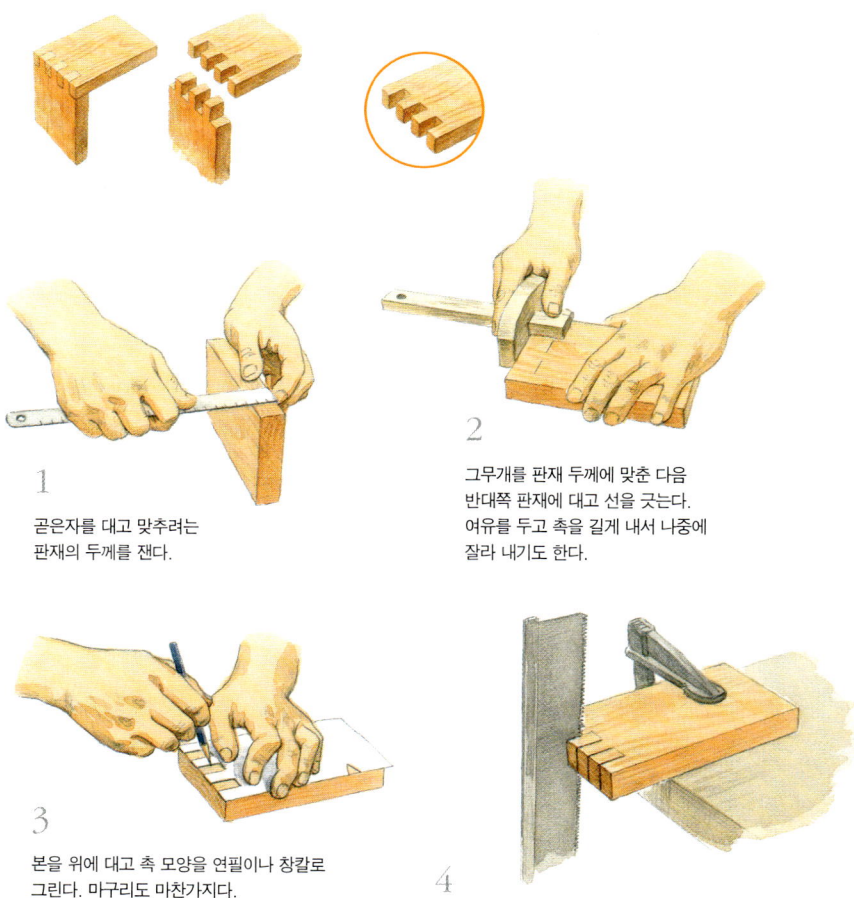

1
곧은자를 대고 맞추려는 판재의 두께를 잰다.

2
그무개를 판재 두께에 맞춘 다음 반대쪽 판재에 대고 선을 긋는다. 여유를 두고 촉을 길게 내서 나중에 잘라 내기도 한다.

3
본을 위에 대고 촉 모양을 연필이나 창칼로 그린다. 마구리도 마찬가지다.

4
톱질을 먼저 해 두면 끌로 파내기가 쉽다. 사개맞춤 톱질은 등대기톱으로 눈높이에서 하는 것이 좋다.

5

바깥쪽부터 끌로 조금씩 따낸다. 판재가
두꺼울 때는 뒤집어 가며 끌질을 하는 것이 좋다.

6

끌질한 자리는 깨끗하게 다듬는다.

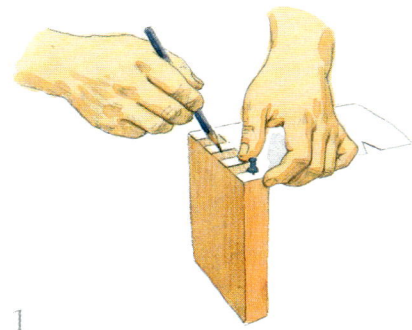

1

반대쪽 판재 마구리에도 본을 대고 그린다.

2

그려진 선을 따라 마구리에서 톱질한 다음
모서리부터 잘라 낸다. 파낼 곳은 끌로 따낸다.

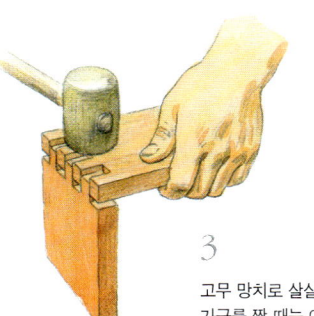

3

고무 망치로 살살 두드려서 맞춘다.
가구를 짤 때는 아교를 바르면 좀 더 튼튼하다.

우리 가구 손수 짜기 131

짜 맞추기 | 주먹장 사개맞춤

사개맞춤과 비슷하지만 사개맞춤보다 촉의 머리가 넓어 더 튼튼하다. 촉 모양이 손가락끼리 깍지를 낀 주먹과 닮아서 촉을 주먹장이라 하고, 주먹장끼리 끼워 맞춘 것을 주먹장 사개맞춤이라고 한다. 북녘에서는 개미허리사개라고도 한다. 옛날부터 반닫이처럼 두꺼운 판재를 맞춰 가구를 짤 때 많이 썼다.

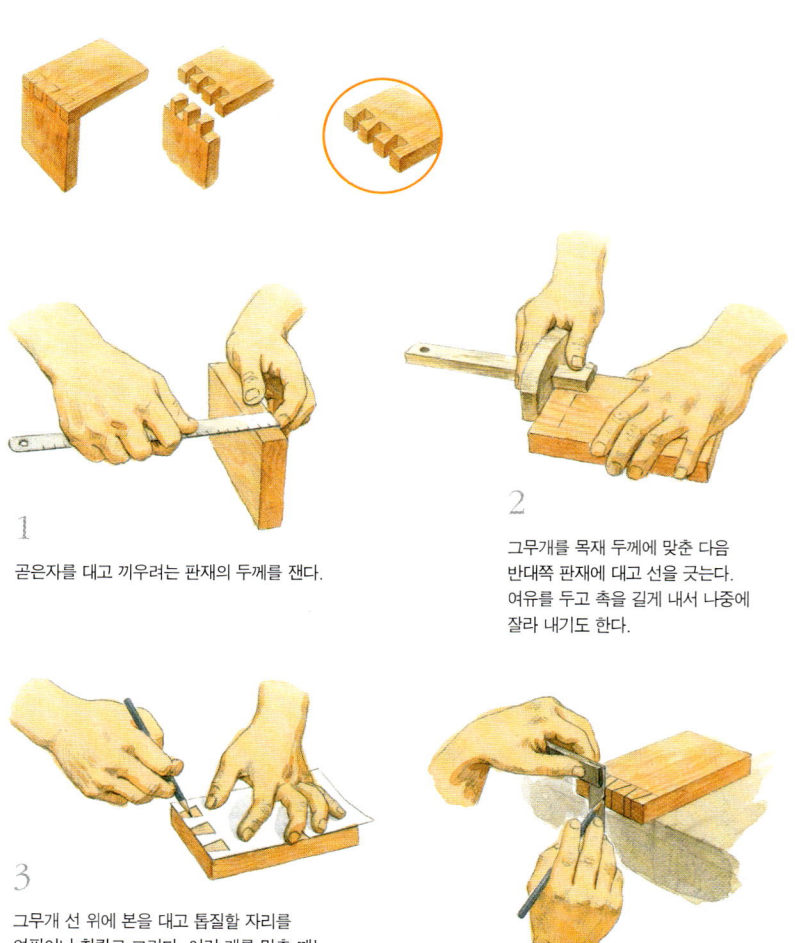

1
곧은자를 대고 끼우려는 판재의 두께를 잰다.

2
그무개를 목재 두께에 맞춘 다음 반대쪽 판재에 대고 선을 긋는다. 여유를 두고 촉을 길게 내서 나중에 잘라 내기도 한다.

3
그무개 선 위에 본을 대고 톱질할 자리를 연필이나 창칼로 그린다. 여러 개를 맞출 때는 종이 본을 미리 만들어 쓰면 좋다.

4
마구리에도 선을 그리는 것이 톱질하기에 좋다.

5

끌질하기 쉽게 먼저 톱으로 길을 낸다. 주먹장 모양에
따라 톱질한다. 사개맞춤이나 주먹장 사개맞춤처럼
톱질이 고와야 할 때는 등대기톱을 쓴다.
목재를 눈높이에 두고 톱질하는 것이 좋다.

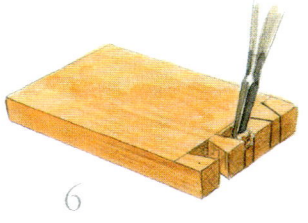

6

구멍이 될 자리는 끌로 바깥쪽부터 따낸다.

1

반대쪽 판재는 마구리에
본을 대고 그린다. 그래야 짝이 맞다.

2

마구리에 그려진 대로 톱질한 다음 끌로
구멍을 따낸다. 모서리부터 톱으로 잘라 낸다.

3

주먹장 모양을 맞추고 망치로 살살 두드려
맞춘다. 아교를 바르면 좀 더 튼튼하다.

짜 맞추기 | 본 그리기

사개맞춤이나 주먹장 사개맞춤을 할 때는 미리 종이에 본을 그려 두면 좋다. 한 번에 여러 개를 맞출 때는 더 좋다. 본을 그릴 때는 먼저 맞추려는 목재 너비와 두께에 맞게 촉을 잘 나누어야 한다. 좁은 목재에 촉을 여러 개 내면 촉이 가늘어져서 맞춤이 약해진다. 목재 너비에 비해 촉의 수가 작아도 맞붙는 면적이 적어 맞춤이 튼튼하지 못하다. 촉이 너무 커져서 볼품도 없다. 목재 두께와 너비에 맞게 촉을 나누는데, 촉은 반드시 홀수로 나와야 한다. 주먹장 사개맞춤에 쓰는 본은 사개맞춤 본 위에 주먹장만 그려 넣으면 된다. 선은 가늘고 분명하게 그어야 한다.

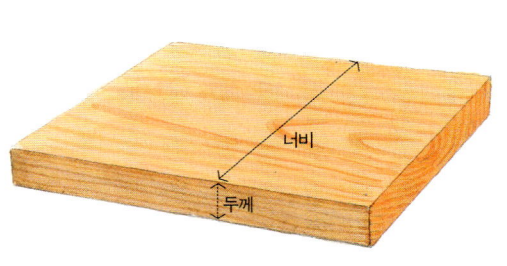

사개맞춤

먼저 목재의 너비를 잰 다음 종이를 같은 너비로 자른다. 종이는 두꺼운 도화지가 좋다. 얇고 단단한 책받침으로 만들기도 한다.

1

목재 두께를 재서 만들려는 촉의 길이를 정한다. 짜 맞추려는 목재 두께보다 조금 넓게 표시한다. 두께가 2.5cm라면 종이 위에는 여유를 두어 촉 길이가 3cm쯤 되게 기준선1을 그린다.

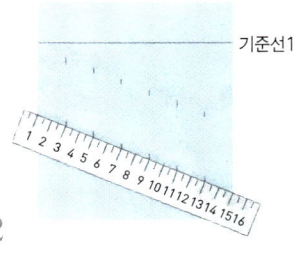

2

만들려는 촉의 수에 따라 종이를 나눈다. 촉을 세 개 내기로 했다면 본을 일곱 등분한다. 자를 비스듬히 해서 등분하려는 수의 배수를 만들면 등분을 표시하기가 쉽다.

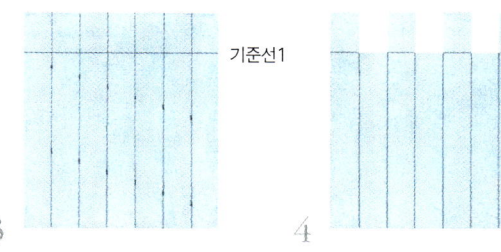

3 나눈 자리마다 직각자나 곧은자를 대고 반듯하게 선을 긋는다.

4 칼로 촉 자리를 깨끗하게 오려 내면 사개맞춤에 쓸 본이 된다.

주먹장 사개맞춤

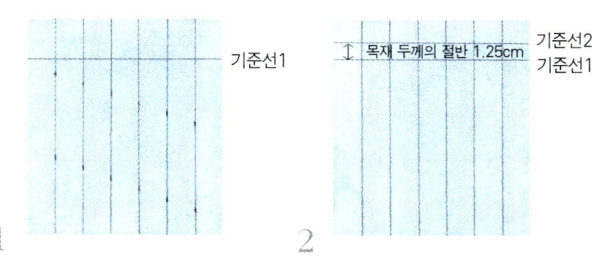

1 먼저 사개맞춤과 같은 본을 그린다.

2 거기에 주먹장을 그리기 위해 기준선2를 긋는다. 기준선2는 기준선1 위로 목재 두께의 절반을 표시해서 긋는 선이다. 목재 두께가 2.5cm라면 기준선1 위로 1.25cm 올라간 자리가 기준선2가 된다.

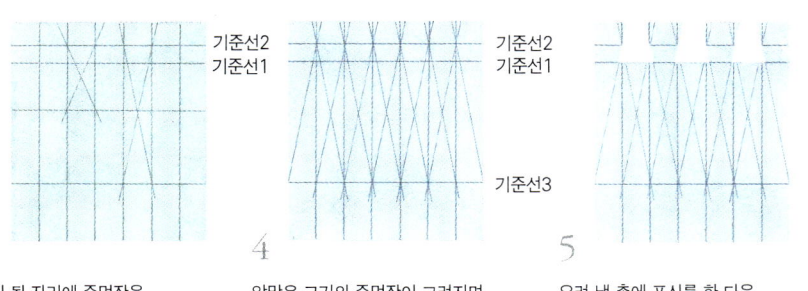

3 촉이 될 자리에 주먹장을 만들기 위해 기준선2에 맞추어 여러 가지 각도로 선을 그어 본다.

4 알맞은 크기의 주먹장이 그려지면 그 각도에 맞는 기준선을 긋는다. 기준선3이 된다. 기준선3과 기준선2를 연결해서 촉에 주먹장 모양을 그린다.

5 오려 낼 촉에 표시를 한 다음 연필선에 따라 깨끗하게 칼질한다.

짜 맞추기 | 연귀맞춤

양쪽 모서리를 비스듬히 잇는 방법이다. 사진틀이나 장롱 모서리 따위를 맞출 때 많이 쓴다. 맞춘 자리가 깔끔하다. 턱맞춤이나 장부맞춤과 함께 쓰면 가구를 짰을 때 더 단단하다. 판재끼리 맞출 때는 연귀맞춤 안쪽으로 숨은 주먹장[132]을 만들기도 한다.

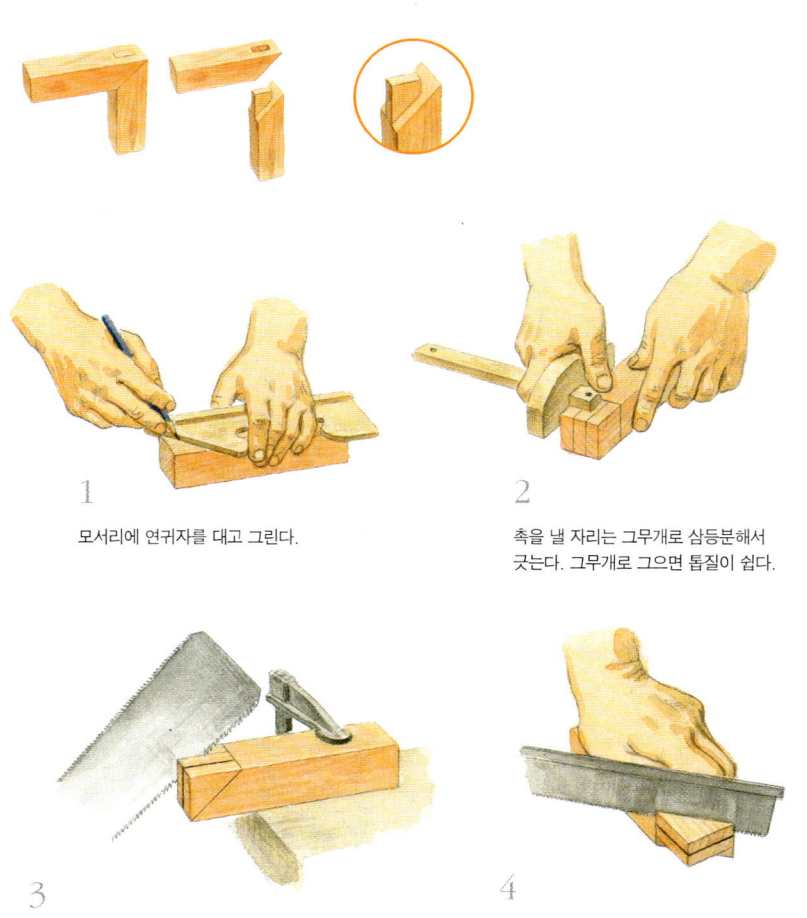

1
모서리에 연귀자를 대고 그린다.

2
촉을 낼 자리는 그무개로 삼등분해서 긋는다. 그무개로 그으면 톱질이 쉽다.

3
나무가 움직이지 않게 조임쇠로 조이고 마구리를 먼저 톱질한다.

4
촉을 뉘이고 촉의 양 옆은 톱으로 잘라 낸다. 연귀자를 대고 톱길을 낸 다음, 연귀자를 치우고 마저 톱질한다.

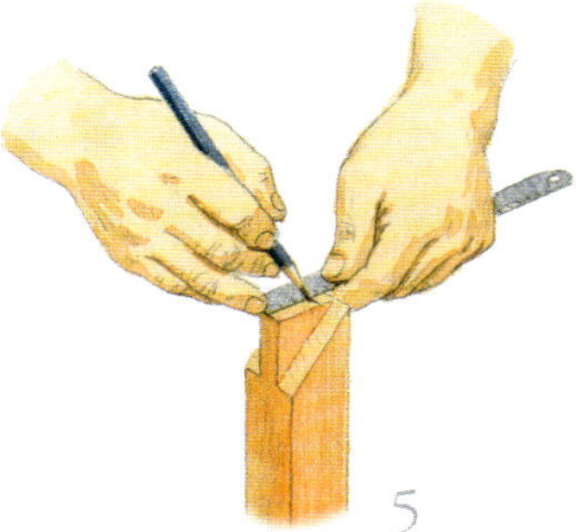

5
연귀구멍 크기에 맞게 촉을 자른다.

6
촉의 크기를 다듬을 때는 등대기톱으로 살살 톱질한다.

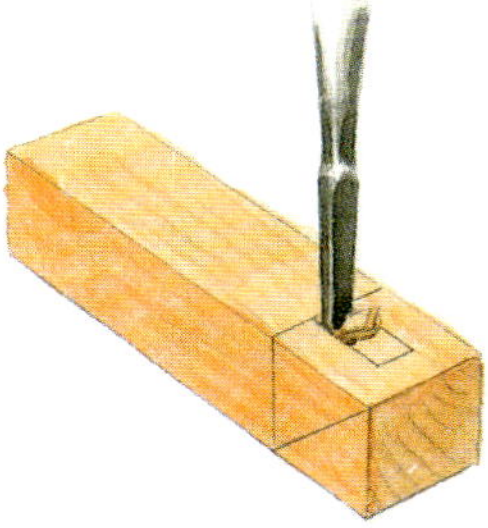

1
촉이 들어갈 각재도 연귀자를 대고 선을 그은 다음, 돌려서 끌구멍을 그린다. 끌로 구멍을 파낸다.

2
그어 놓은 연귀 선을 톱으로 자른다. 연귀자를 대고 톱길을 내면 톱질이 쉽다.

3
나무 망치로 살살 두드려서 구멍을 끼워 맞춘다.

연귀턱맞춤

연귀구멍을 뚫지 않고 턱을 내어 맞추는 것이 연귀턱맞춤이다. 구멍을 내는 것보다 만들기가 좀 더 수월하다.

짜 맞추기 | 제비초리맞춤

연귀촉을 제비초리 모양으로 뾰족하게 다듬은 맞춤이다. 책장이나 장롱의 기둥과 쇠목을 맞출 때 많이 쓴다. 제비초리로 깎은 촉 뒤에 숨은장부를 끼우면 짜 맞춤이 더 튼튼하다.

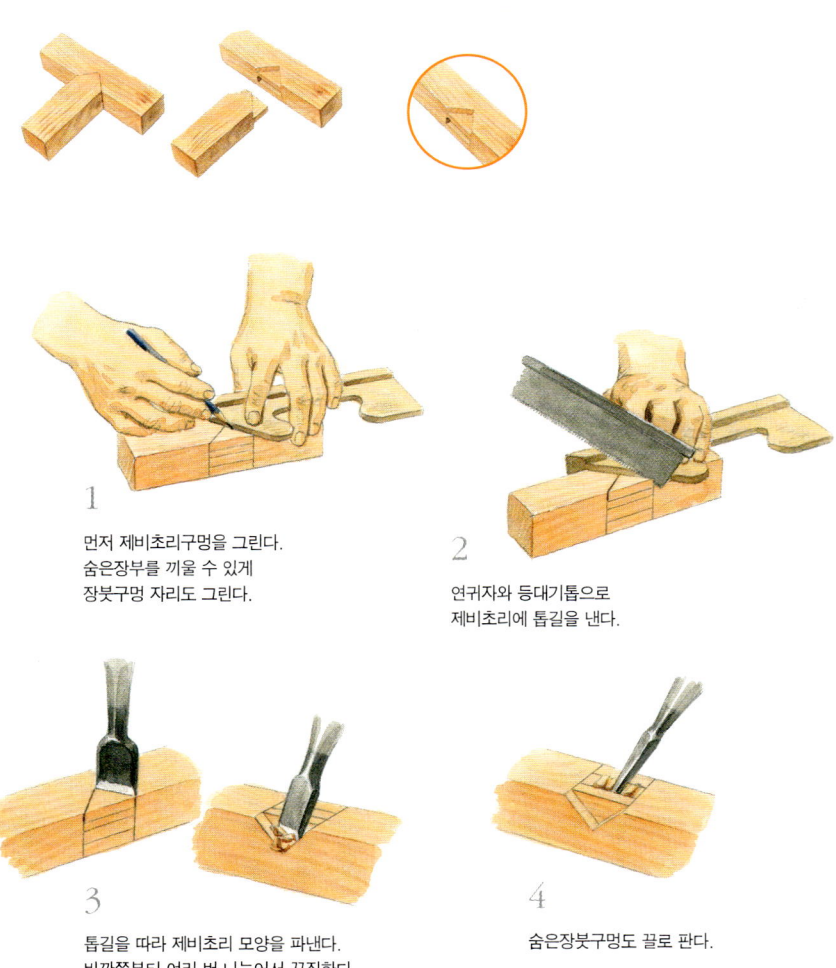

1
먼저 제비초리구멍을 그린다.
숨은장부를 끼울 수 있게
장붓구멍 자리도 그린다.

2
연귀자와 등대기톱으로
제비초리에 톱길을 낸다.

3
톱길을 따라 제비초리 모양을 파낸다.
바깥쪽부터 여러 번 나누어서 끌질한다.
직각끌을 쓰면 더욱 쉽다.

4
숨은장붓구멍도 끌로 판다.

1

끼우려는 각재에 촉을 그린다.
톱질할 자리는 그무개로
미리 그어 놓으면 톱질이 쉽다.

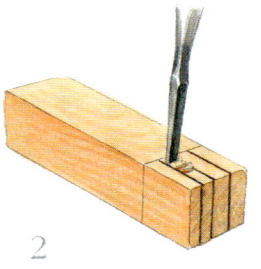

2

촉이 될 자리는 남기고
나머지를 끌로 판다.

3

톱질이 쉬운 자리는
톱으로 잘라 낸다.

4

맨 위의 촉은 제비초리
모양이다. 연귀자를 대고
제비초리를 그린다.

5

연귀자를 대고
등대기톱으로 톱질한다.

6

가운데 숨은장부도 장붓구멍
길이에 맞춰 자른다.

7

망치로 두드려 맞춘다.

짜 맞추기 | 장부맞춤

장부맞춤은 한쪽에는 촉을 내고 다른 쪽에는 구멍을 뚫어 서로 맞추는 방법이다. 의자 다리나 뒤주 다리 같은 기둥을 맞출 때 많이 쓴다.

맞은편에서 촉이 보이는 것을 막장부맞춤이나 내다지라 하고, 맞은편에서 촉이 보이지 않는 것을 숨은장부맞춤이나 반다지라고 한다. 판재에 장부맞춤을 쓸 때는 여러 개의 촉과 구멍을 내고 서로 맞춘다. 긴 촉과 짧은 촉을 함께 쓸 수도 있다. 촉이 너무 크면 짜임이 약하다. 각재 두께에 맞는 크기로 한다.

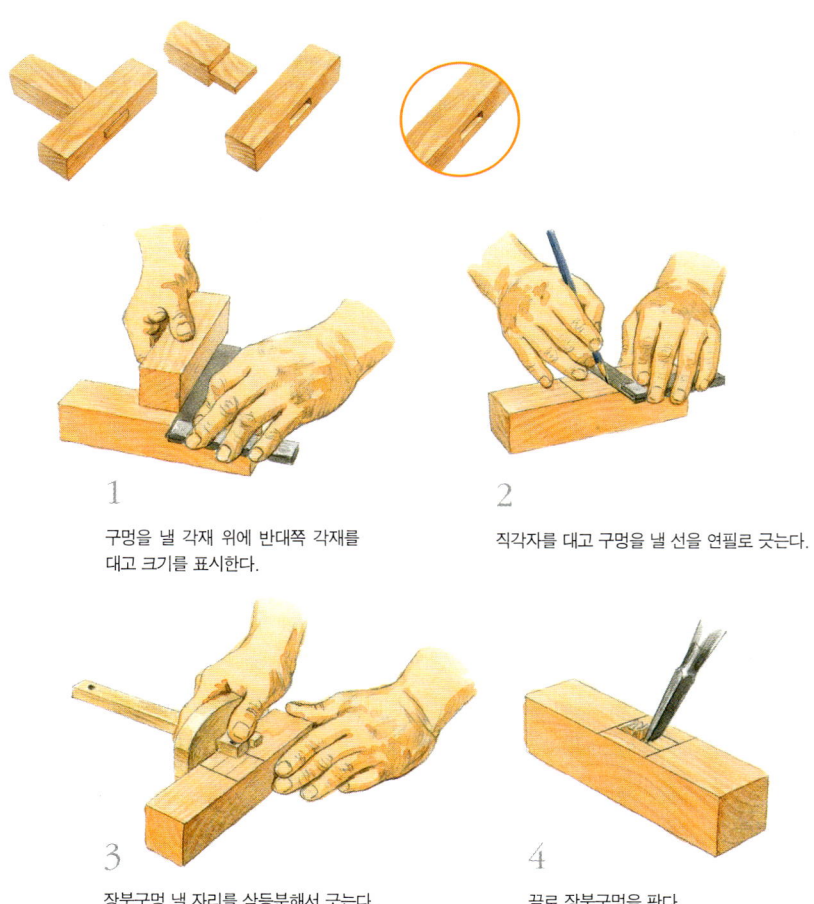

1
구멍을 낼 각재 위에 반대쪽 각재를 대고 크기를 표시한다.

2
직각자를 대고 구멍을 낼 선을 연필로 긋는다.

3
장붓구멍 낼 자리를 삼등분해서 긋는다.
그무개로 그어서 끌질하기 쉽게 한다.

4
끌로 장붓구멍을 판다.
막장부는 맞은편 끝까지 구멍을 뚫는다.

1

구멍 크기에 맞춰 촉을 만든다.
직각자와 곧은자로 길이를
재고 연필로 긋는다. 촉을 길게
해서 나중에 남는 것은 잘라 낸다.

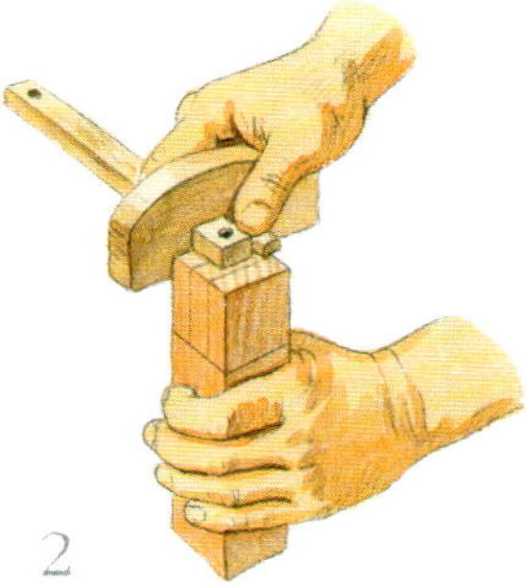

2

그무개로 마구리를
삼등분해서 촉을 그린다.

3

그무개 선을 따라
톱질해서 촉을 만든다.

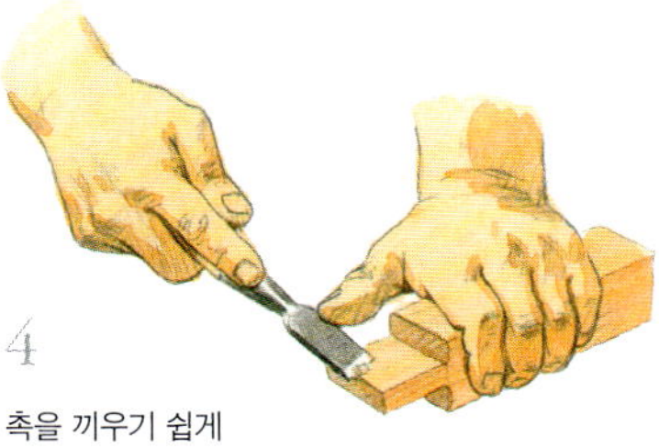

4

촉을 끼우기 쉽게
모서리를 끌로 다듬는다.

5

망치로 살살 두드려 맞춘다.
길어서 튀어나온 촉은 톱으로
잘라 낸다.

숨은장부맞춤

장부촉의 길이를 짧게 해서
촉이 밖으로 보이지 않게 한다.
연귀맞춤이나 제비초리맞춤과
함께 책장이나 탁자 기둥을
맞출 때 많이 쓴다.

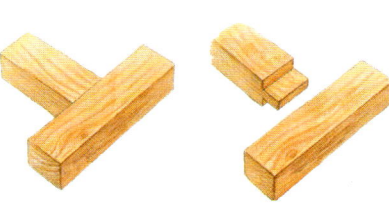

짜 맞추기 | 쐐기 박기, 산지못 끼우기

장부맞춤을 더 튼튼하게 하기 위해 촉에 쐐기나 산지못을 박기도 한다. 쐐기는 한쪽을 얇게 깎은 나무 조각이고 산지못은 촉에 구멍을 뚫어 박는 나무못이다. 의자 다리나 뒤주 기둥 맞춤을 튼튼하게 할 때 많이 쓴다.

쐐기 박기

1

가는 나무 토막을 구해 쐐기를 만든다.
맞추려는 기둥감과 같은 나무나 그보다
단단한 나무를 쓴다. 한쪽으로 비스듬히
톱질한다.

2

쐐기 박을 자리를 먼저 끌로 쳐서
들어가기 쉽게 한다.
촉의 크기에 따라 쐐기는
하나나 둘을 쓴다.

망치로 쐐기를 박는다.

산지못 끼우기

1

산지못을 끼울 때는 끼우려는 기둥보다
촉을 길게 만든다. 마구리에서 먼저 톱질하고
옆을 자른다.

2

직각자를 대고 촉 가장자리를 자른다.

3

촉에 장붓구멍이 뚫린 각재를 대고
산지못이 들어갈 자리를 연필로 그린다.

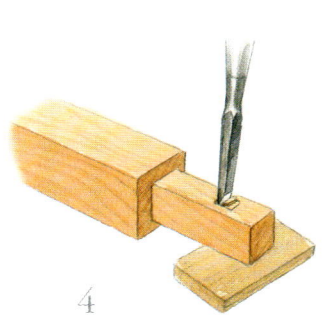

4

산지못 구멍을 끌로 판다.

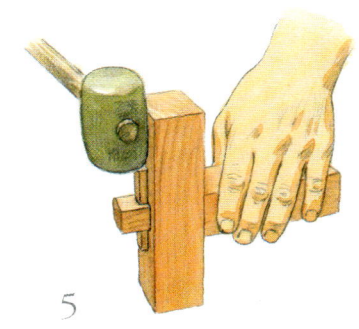

5

산지못을 끼워 단단하게 맞춘다.

짜 맞추기 | 나비장붙임, 메뚜기장이음

　나비장붙임은 좁은 판재를 여러 쪽 붙여서 넓게 만드는 방법이다. 판과 판을 붙인 다음 판끼리 맞닿는 자리를 나비장 모양으로 파내고, 다른 나무로 나비장을 깎아서 끼워 붙인다. 메뚜기장이음은 짧은 나무를 마구리끼리 이어서 길게 만드는 방법이다. 맞닿는 마구리에 메뚜기 머리 모양으로 촉과 구멍을 내어 이어 붙인다.

　판재를 붙이는 방법으로는 나비장붙임과 부판하기와 심지 끼우기가 있고, 마구리를 이어 붙이는 방법으로는 메뚜기장이음말고도 턱이음, 촉이음이 있다. 판재 붙임은 가구를 짜려고 판재를 마련할 때, 마구리 이음은 집을 지으려고 기둥감을 마련할 때 많이 쓴다.

나비장붙임

1

2
나비 모양으로 나무를 먼저 깎는다.
붙이려는 판재 두 장을 아교로 붙이고
윗면에 나비장이 들어갈 구멍을 그린다.
그려진 나비 구멍을 끌로 따낸다.

3
나비장에 아교를 발라 끼운다.

4
조금 튀어나온 곳은 대패로 깎아 낸다.
판재와 나비장의 나뭇결이 다른 것이 보기 좋다.

메뚜기장이음

1
종이에 메뚜기장 그림을 그려서
본을 만들어 쓰면 좋다.
먼저 본을 낼 판재에 대고 촉을 그린다.

2
톱으로 촉을 다듬는다.
톱이 닿지 않는 곳은 끌을 쓴다.

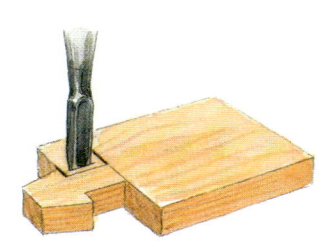

3
끌로 촉 구석구석을 깨끗하게 다듬는다.

4
구멍이 될 쪽에 다시 본을 대고
구멍 모양을 그린다.

5
구멍을 내기 쉽게 톱으로
여러 차례 길을 낸 다음 끌로 파낸다.

6
아교를 바르고 망치로
두드려 맞춘다.

오동나무 지지기

　오동나무 지지기는 다른 말로 낙동(烙 태울 낙, 桐 오동나무 동)이라고 한다. 소나무나 다른 나무로도 하지만 오동나무에 가장 많이 하기 때문이다. 오동나무는 나뭇결이 뚜렷하고 시원스레 커서 낙동을 하면 무늬가 살아난다. 나무를 지질 때는 인두같이 바닥이 납작한 쇠를 불에 달군 다음 나무에 대고 고르게 문지른다. 까맣게 탄 겉면을 짚이나 솔로 문지르면 무른 곳은 떨어져 나가고 단단한 결만 남는다. 또 나뭇결이 도드라져서 저절로 무늬가 만들어진다.

　낙동한 판재로 가구를 짠 다음에는 따로 칠을 하거나 사포질을 하지 않아도 좋다. 나무가 타면서 색이 바뀌고, 짚으로 문지르면서 결이 매끄럽게 되기 때문이다. 나무가 썩는 것도 덜하고 벌레도 덜 생긴다.

낙동한 뒤

낙동하기 전

1
먼저 인두를 달굴 수 있게 불을 피운다.
인두가 달궈질 동안 나무를 챙기고 반듯하게 대패로 다듬는다.
색이 옅은 오동나무를 불에 그슬리면 고운 밤색이 난다.

지푸라기

인두

2

불에 달군 인두를 나무에 대고 고르게 지진다. 인두가 식으면 다시 불에 달궈서 쓴다.

쉽게 낙동하기

불을 피우고 인두를 달구는 일이 어렵다면 토치램프를 쓸 수도 있다. 토치램프를 쓸 때는 불에 타지 않는 바깥벽이나 땅바닥에 나무를 뉘인 다음 불에 그슬린다.

❶ 토치램프에 불을 붙여 나무 겉면을 그슬린다.

❷ 쇠수세미나 쇠로 된 거친 솔로 탄 곳을 털어 낸다.

3

까맣게 탄 겉면을 짚풀이나 수세미로 고르게 문지른다. 약한 결은 거친 짚풀에 벗겨지고 강한 결만 남아서 저절로 무늬가 생긴다. 짚풀로 문지른 다음에는 칠이나 사포질을 하지 않는다.

❸ 수세미로 곱게 문질러 무늿결을 살린다.

먹칠하기, 흙가루칠하기

나무에 색을 내고 매끄럽게 하려고 흙물이나 먹물을 바르기도 한다. 고운 흙가루를 물에 개어 바르면 색이 차분하고 부드러워진다. 또 나무에 있는 작은 숨구멍이 메워져서 나무가 매끄러워진다. 거친 나무에는 흙가루를 뻑뻑하게 이겨서 바른다. 흙가루가 잘 마르면 사포로 문지른다. 흙가루를 먹물에 섞어 바르기도 한다. 먹물만 칠하는 것보다 잘 스며든다.

먹칠을 하면 낙동한 것과 마찬가지로 벌레가 생기지 않는다. 책장이나 책상을 만드는 판재에 쓰면 좋다.

낙동한 오동나무로 만든 책함이다.
옛날부터 책장은 벌레가 생기지 말라고
낙동한 오동나무를 많이 썼다.

먹칠한 오동나무를 뒷면에
끼운 책장이다. 책장의 안쪽과
옆면에 끼운 오동나무는
낙동을 했다.

흙가루칠하기

흙칠한 뒤

흙칠하기 전

목재에 흙가루를 입히면 색과 결이 차분해진다. 나왕처럼 결이 거친 수입 목재에 칠하면 좋다. 나뭇결을 따라 붓질한 다음 마른헝겊으로 닦아 낸다. 붓질한 자리에 물기가 많으면 목재에 좋지 않다.

고운 흙가루를 물에 개어 쓴다. 붓으로 칠해도 되고 헝겊에 묻혀 문질러도 된다.

먹칠하기

먹칠한 뒤

먹칠하기 전

먹물을 물에 타서 쓴다. 먹물에 흙가루를 섞어 바르면 먹이 곱게 먹는다.

마른헝겊에 먹물을 묻혀 가볍게 문지른다. 먹물이 고르게 묻도록 나뭇결을 따라 고루고루 문지른다.

사포질하기

판재와 각재를 맞추어 가구를 다 짰으면 가구 겉면을 곱게 사포질한다. 사포로 문질러서 나온 나무 가루가 목재의 숨구멍을 메워 겉면이 매끄러워진다. 겉면이 매끄러울수록 기름칠하기가 쉽다.

튀어나온 촉은 사포질하기 전에 톱으로 잘라 내고 대패로 매끈하게 다듬는다. 마구리는 단단하고 여물어서 대패질이 어렵다. 깎아 낼 마구리에 물을 묻히면 나무가 부드러워져서 대패질이 쉽다. 깎아 낼 자리에만 살짝 물을 칠한다.

다 짠 가구는 반듯한 곳에 두고 사포질을 한다. 나뭇결을 따라서 문지른다. 사포는 40~2000번까지 있다. 1200번쯤 되는 고운 사포로 마무리한다. 물기가 있으면 사포에 나무 가루가 끼이므로 물기를 바짝 말리고 사포질을 해야 한다.

모서리 사포질하기

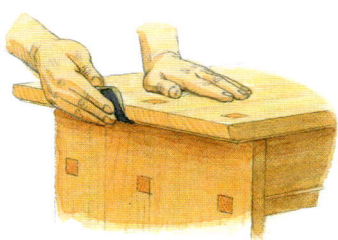

사포를 접어 둥근 옆면과 모서리도 곱게 사포질한다. 사포질을 곱게 해야 기름이 잘 먹는다.

모서리가 무뎌지지 않게 사포질한다.

문지르기 쉽도록 사포를 접거나 오려서 쓰기도 하고, 나무 토막에 감아서 쓰기도 한다.

골이 파인 곳은 사포를 접어 골 사이에 끼우고 문지른다.

기둥 사포질하기

네모진 나무 토막에 사포를 감아서 문지르면 기둥의 각이 잘 산다.

낙동한 곳이나 먹칠한 판은 사포가 닿지 않게 종이 따위로 덮은 다음 문지른다.

기름칠하기

가구에 기름을 칠하면 오래 쓸 수 있고 색깔도 아름답다. 많이 쓰는 기름으로는 동백기름, 호두기름, 참기름, 콩기름 따위가 있다.

사포질이 다 끝나면 천에 기름을 듬뿍 묻혀 가구에 대고 문지른다. 스며든 기름이 밖으로 배어 나오기 시작하면 마른헝겊으로 여러 번 닦는다. 겉면에 기름이 남아 있으면 끈적거리면서 먼지가 붙는다. 기름칠한 가구는 쓰면서 자주 마른걸레로 닦아 주는 것이 좋다. 여름에는 물기가 많아 더 자주 닦아야 한다. 이미 기름칠한 가구에는 나중에도 같은 기름을 칠하는 것이 좋다. 다른 기름을 칠하면 얼룩이 지기도 한다.

동백기름 칠하기

사포질이 끝난 가구는 기름칠을 한다. 사포질과 마찬가지로 나뭇결을 따라 문지른다. 고르게 기름이 먹도록 꼼꼼하게 문지른다. 스며든 기름이 밖으로 배어 나오기 시작하면 마른걸레로 닦아 낸다.

천을 여러 겹 접어서 쓴다. 면과 같이 보드라운 천이 기름칠하기 좋다.

열매로 기름칠하기

잣

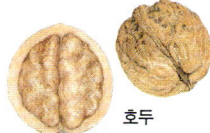
호두

동백씨

기름을 짜는 열매
동백씨, 호두, 잣 따위에서 기름을 짠다.
들기름이나 참기름도 쓴다. 열매에서 짜낸
기름은 모두 맑갛다. 가구에 칠하면
나뭇결이 드러나면서 색이 은은하게
살아나서 보기가 좋다.

잣이 잘 으깨지도록 힘을 주어 천천히 문지른다.
기름이 고르게 배이도록 구석구석 문지른다. 낡은
판이나 먹칠한 판은 기름칠을 하지 않는다.

열매 싸는 법

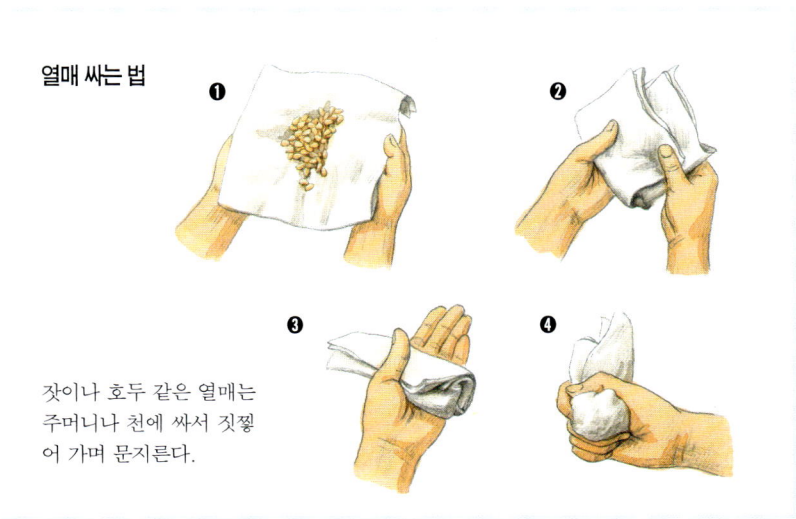

잣이나 호두 같은 열매는
주머니나 천에 싸서 짓찧
어 가며 문지른다.

장식 달기

 기름칠까지 마친 가구는 장식을 단다. 가구에 다는 쇠장식을 장석이라고 한다. 무쇠, 시우쇠, 놋쇠, 백동 따위로 만든다. 시우쇠는 솥을 만들 때 쓰는 무쇠를 녹여서 만든 쇠붙이다. 무쇠나 시우쇠는 색이 검어서 거멍쇠라고도 한다. 놋쇠는 구리에 아연을 섞은 것으로 노란빛을 띤다. 놋쇠는 신주라고도 한다. 백동은 구리, 아연, 니켈과 같은 철을 합쳐서 만든 것으로 은빛이 돈다.

경첩 달기

경첩
문이나 뚜껑에 달아 여닫을 수
있게 하는 장식이다.

1

경첩 달 자리를 정하고 못 박을
자리를 송곳으로 누른다. 송곳으로 먼저
자리를 잡으면 못질이 쉽다.

2

못이 작으니까 망치도 머리가
작은 것을 쓴다. 못을 박을 때는 팔과
어깨를 움직이지 않고
손목 힘으로 망치질을 한다.

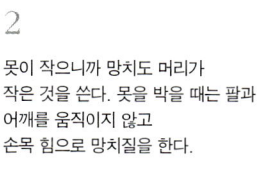

고리 달기

배목

받침쇠

고리
서랍이나 문을
열 때 쓰는 손잡이다.
고리에 배목을
끼워서 가구에 단다.

1

2 송곳이나 연필로 고리가 달릴 자리를
표시한다. 배목이 들어갈 수 있게 드릴이나
끌로 구멍을 뚫고 받침쇠를 받친 다음,
배목을 끼운다.

3 안쪽으로 튀어나온 배목은
펜치로 구부린다.

4 구부린 배목은 튀어나오지 않게
망치로 박는다.

광두정, 감잡이 박기

받침쇠

광두정

감잡이

광두정은 가구를 꾸미는
쇠장식이기 때문에 자리를
잘 잡아야 한다.
가운데 광두정을 먼저 박고
간격을 맞춘다.

광두정은 머리가 넓은 못이다.
가구를 꾸미는 쇠장식으로 거의
받침쇠에 끼워서 박는다.
감잡이는 가구 모서리나 맞춤 위에
걸쳐서 벌어지지 않게 하는
쇠장식이다. 맞춤을 더 단단하게
만든다. 무쇠로 만들고 옻칠을
해서 색이 검다.

감잡이는 반닫이나
궤와 같이 판재끼리 맞춘 곳에
많이 쓴다. 자리를 고르고
못으로 박는다.

책상 짜기

1 구상하기

옛날 서안[170]에서 모양을 본떠 만든 앉은뱅이책상이다. 책상다리를 하고도 바싹 다가서서 앉을 수 있게 다리를 높여 짜면 쓰기 편하다. 위판은 노트북 컴퓨터쯤은 편안하게 올려 놓고 쓸 수 있도록 넓게 짜면 좋다.

위판
나뭇결이 고르고 흠이 없는 판재를 골라서 쓴다.

위판 모서리
모서리를 둥글리면 보기도 좋고 들어올릴 때 잡기도 좋다.

장식
서랍 장식으로는 둥근 고리를 가장 많이 쓴다.

서랍
책상 밑에는 선반을 둘 수도 있고 서랍을 짜서 넣을 수도 있다. 서랍이나 선반을 짤 때는 높이를 잘 살펴야 한다. 서랍 밑판이 너무 낮게 내려오면 앉기가 불편하다.

다리
책상 다리는 기둥으로 세우는 것보다 판재로 대는 것이 발도 가리고 보기도 좋다. 다리 아래쪽에 모양을 내면 바닥에 닿는 면이 적어서 균형을 잡기 쉽다.

2 도면 그리기

가구를 짤 때는 위에서 내려다본 평면도, 앞에서 본 정면도, 옆에서 본 측면도를 기본으로 그리고, 필요에 따라 상세도도 그린다. 도면에는 정확한 크기와 두께, 짜 맞추는 방법도 같이 적는다. 도면을 실물 크기로 그리면 비례를 살피기에 좋다.

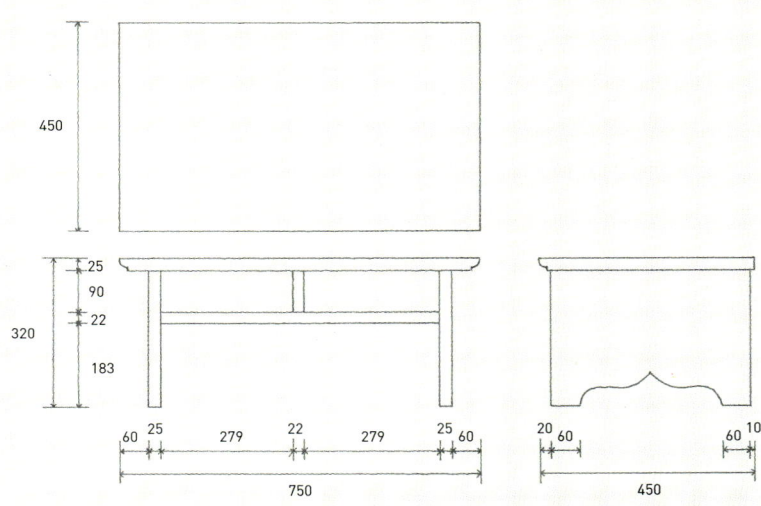

3 목재 마름질하기

책상을 짤 때는 색이나 나뭇결이 화려하지 않은 목재가 좋다. 소나무[204]나 느티나무[192], 오동나무[207]를 많이 쓴다. 판재감을 고를 때는 먼저 무늬를 살핀다. 가구를 짤 때는 책상 위판이나 반닫이 앞판처럼 눈에 잘 드러나는 면에 가장 좋은 목재를 쓴다. 큰 판재를 톱질해서 위판으로 쓸 판재를 마름질한 다음, 밑판과 다리로 쓸 옆판도 마저 마름질한다. 목재는 폭이 넓을수록 비싸고 구하기도 어렵다. 판재가 좁으면 두세 쪽을 붙여서 쓴다[124].

목재 수량			
위판	소나무	750×150×25mm	3개
옆판	소나무	320×140×25mm	6개
서랍 밑판	소나무	630×140×22mm	3개

* 서랍에 들어가는 목재는 포함되지 않았다.

일제 강점기 때 지은 한옥을 허물면서 나온 소나무다. 이런 목재를 구재라고도 하는데, 아주 잘 말라서 다루기가 좋고 틀어지는 일이 없다.

4 책상 짜 맞추기

책상의 위판과 서랍 밑판, 옆판이 직각으로 꼭 맞아야 한다. 위판과 옆판의 각이 맞지 않으면 다리가 벌어지거나 오므라져 서랍이 잘 맞지 않는다. 선반이나 서랍을 달면 다리를 좀 더 튼튼하게 잡아 줄 수 있다.

서랍 밑판에 장부촉을 내고 옆판에는 구멍을 뚫어 장부맞춤[140]을 했다. 밖으로 보이는 촉은 세 개지만 실제로는 장부촉을 다섯 개 끼웠다. 숨은장부와 막장부를 번갈아 끼웠다. 위판도 마찬가지로 구멍을 뚫고 장부촉을 끼웠다. 오래 묵은 소나무일수록 나이테가 뚜렷해서 장부촉 마구리가 보기 좋다.

장부촉을 만들 때는 끼울 구멍보다 촉을 조금 길게 해서 촉 모서리를 둥글게 다듬으면 끼우기 좋다. 촉을 끼워 맞추면서 구멍 주위가 뜯길 수도 있기 때문이다. 삐져나온 촉은 가구를 짠 다음에 대패로 반듯하게 깎아 낸다.

뒤판
서랍 밑판과 옆판, 위판의 뒤쪽에 홈을 판 다음 판재를 끼워서 서랍 뒤쪽을 막는다. 그렇게 책상을 다 짠 다음 서랍 구멍의 높이와 폭을 확인하고 서랍을 짜기 시작한다.

옆판
막장부촉과 숨은 장부촉을 번갈아 냈다. 막장부촉은 길고 숨은 장부촉은 짧은 대신 촉 머리가 넓다.

옆판, 서랍 밑판
마름질한 판재를 서로 맞대어 나뭇결이 잘 어울리는가를 살핀 다음, 아교로 붙여서 넓게 만들었다.

서랍 밑판
다리에 서랍 밑판을 끼워 맞추면 다리가 벌어지거나 흔들리는 것을 막을 수 있다.

5 서랍 짜기

서랍을 짤 때는 오동나무[207]나 소나무[204]를 많이 쓴다. 이 책상의 서랍은 책상 나무와 맞추어 소나무로 짜기로 했다. 서랍을 짤 때는 맞붙는 면끼리 아교로 붙이고 그 위에 대나무 못을 박는 일이 많다. 바닥도 마찬가지로 아교칠을 하고 대나무못을 박는다. 서랍이 크거나, 튼튼하게 짜야 할 때는 사개맞춤[130]이나 주먹장 사개맞춤[132]을 하고 바닥도 홈을 파서 밑판을 끼운다.

서랍은 책상을 다 짠 뒤에 서랍이 들어갈 자리의 높이와 폭을 확인하고 짜야 한다. 서랍 높이는 끼우면서 대패로 조금씩 다듬을 수 있으므로 서랍 구멍보다 1~2mm쯤 높게 짠다. 서랍 높이를 맞출 때는, 뒤쪽부터 대패로 깎아 맞춘 다음 앞쪽도 다듬는다.

❶ 아교로 붙여 서랍 짜기
서랍을 짜는 가장 쉬운 방법이다. 옆판과 뒤판은 맞붙임하고 옆판과 앞판은 반턱맞춤 한 위에 대나무못을 박았다.

❷ 주먹장 사개맞춤으로 서랍 짜기
서랍이 크거나, 무거운 것을 담으려면 맞춤이 튼튼해야 한다. 옆판과 뒤판은 주먹장 사개맞춤으로 하고 서랍 바닥은 홈을 파서 끼웠다.

서랍이 커서 네 귀퉁이를 튼튼하게 주먹장 사개맞춤으로 하고 바닥은 대나무못으로 박았다.

6 마감하기

고운 사포로 문질러 마무리를 한 뒤 동백기름을 바른다. 기름칠이 다 마르면 서랍에 구멍을 뚫고 고리를 끼운다. 고리는 백동으로 만들었다.

크기 | 750 × 450 × 320mm
재료 | 소나무
마감 | 동백기름
장식 | 고리

책장 짜기

1 구상하기

사방탁자[172]를 본떠 만든 책장이다. 책 무게를 견디려면 나무가 단단하고 맞춤이 튼튼해야 한다. 책장은 판재끼리 맞춰서 짤 수도 있고 각재에 판재를 끼워서 짤 수도 있다. 각재로 기둥을 세우고 판재를 끼우면 손은 많이 가지만 목재가 덜 들어간다.

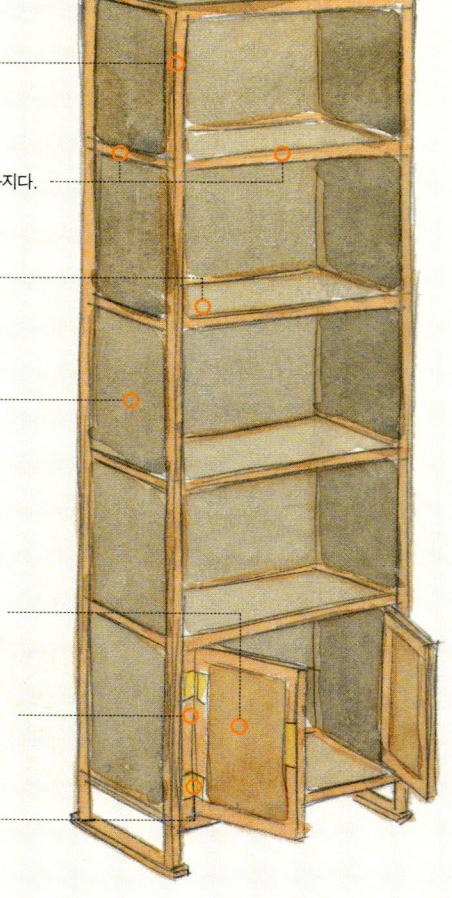

기둥
책장은 기둥이 튼튼해야 한다.
책 무게를 견디려면 참죽나무처럼
단단한 나무로 튼튼하게 짜야 한다.

쇠목
기둥 사이를 연결한 쇠목도 마찬가지다.

층판
층판은 책 무게를 견뎌야 한다.
쇠목에 홈을 파서 끼우기도 하고
쇠목 위에 통판을 얹기도 한다.

옆판
옛날 사방탁자나 책장은 옆면을
막지 않은 것이 많다. 책을 뉘어 놓았기
때문이다. 책을 세워서 꽂으려면 옆면을
막는 것이 좋다. 낙동한 오동나무로 옆면을
막아 주면 책에 벌레가 생기지 않는다.

문짝
문틀을 먼저 짜고 거기에 나뭇결이
좋은 무늬목을 끼운다. 무늬목은 마주하는 문짝과
나뭇결이 서로 대칭이 되게 쓰는 것이 좋다.

문변자
문변자는 경첩을 달려고 기둥과 문짝 사이에
다는 나무로, 기둥보다 조금 들여서 단다.

장식
경첩을 달 때는 보이지 않게 안으로 달아도
되고 장식 삼아 밖으로 보이게 달아도 된다.
양쪽 문짝에 고리와 자물쇠를 달아
채울 수 있게도 한다.

2 도면 그리기

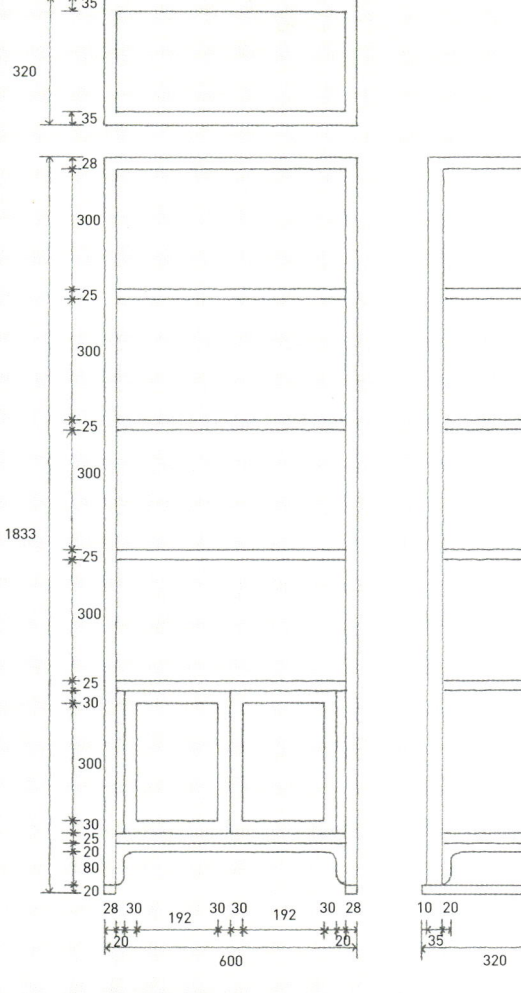

3 목재 마름질하기

기둥감으로는 결이 곧고 단단한 참죽나무[214]가 좋다. 호두나무[217]도 좋지만 잘 마른 호두나무는 구하기가 어렵다. 또 배나무[195]도 쓰기는 하는데, 나무가 휘어서 자라기 때문에 기둥감으로 쓰기에 썩 좋지는 않다. 곧게 마름질해서 가구를 짜더라도 오래 쓰다 보면 기둥이 휠 수 있다.

책장 옆판과 층판은 오동나무[207]로 만든다. 오동나무는 습기를 덜 타고 벌레가 슬지 않아 옛날부터 책장에 많이 썼다.

목재 수량

기둥	참죽나무	28×35×1833mm	4개
쇠목	참죽나무	600×35×25mm	10개
		600×35×28mm	2개
		320×28×25mm	10개
		320×28×28mm	2개
층판	오동나무	600×320×9mm	6개
뒤판	오동나무	600×410×9mm	1개
		600×353×9mm	1개
		600×350×9mm	3개
옆판	오동나무	410×320×9mm	2개
		353×320×9mm	2개
		350×320×9mm	6개

* 다리와 문짝과 문변자에 들어가는 목재는 포함되지 않았다.

기둥감으로 쓸 나무는 단단해야 한다.
나이테가 좁고 결이 곧은 것이 좋다.

4 책장 짜 맞추기

이 책장은 가장 위층은 연귀맞춤[136]을 하고 나머지 층은 모두 제비초리맞춤[138]으로 짰다. 연귀맞춤과 제비초리맞춤 뒤에 숨은장부[140]를 끼워 짜 맞춤이 튼튼하다.

층판과 옆판은 기둥과 쇠목에 홈을 파서 끼웠다. 홈을 팔 때는 홈대패나 트리머를 쓴다. 나무는 모두 9mm 두께의 낙동한 오동나무를 썼다. 각재에 끼우는 알판은 여름철에 늘어날 수도 있기 때문에 아교를 바르지 않고 끼운다.

기둥머리 연귀맞춤
기둥머리는 기둥에 턱을 내고 쇠목에 촉을 내어 연귀로 맞췄다. 연귀맞춤 안쪽에 숨은장부맞춤을 넣어 짜맞춤이 좀 더 튼튼하다.

기둥 제비초리맞춤
기둥을 가로지르는 쇠목과 기둥을 제비초리로 맞췄다. 제비초리촉 뒤에 숨은장부촉은 장붓구멍에 끼우기 쉽게 마구리를 비스듬하게 깎는다.

층판
쇠목 안쪽에 홈을 파서 오동나무 층판을 끼웠다. 옆판이나 뒤판도 마찬가지다. 습기에 따라 나무가 늘어나거나 줄어들 수 있기 때문에 쇠목이나 기둥에 판재를 끼울 때는 아교를 바르지 않는다.

5 문짝 달기

가구에 문을 달기 위해 먼저 문이 달릴 기둥 옆에 문변자를 단다. 문변자[160]는 경첩을 달려고 기둥과 문짝 사이에 다는 나무로 기둥보다 조금 들여 단다. 문변자와 문짝을 조금 들여서 달면 나중에 문이 틀어지더라도 보기에 덜 거슬린다.

　문짝을 짤 때는 통판보다는 알판을 많이 쓴다. 문틀을 짜서 알판을 끼우면 문짝이 크더라도 통판보다 덜 틀어진다. 문이나 서랍을 짤 때는 이어지는 서랍이나 마주 보는 문짝끼리 나뭇결이 서로 어울리는 것이 좋다. 무늬목으로는 나뭇결이 좋은 느티나무나 먹감나무를 많이 쓴다. 알판으로 쓸 무늬목이 얇을 때는 무늬목 앞뒤로 오동나무를 대서 두껍게 만든 다음 톱으로 가운데를 켜서 쓰기도 한다.

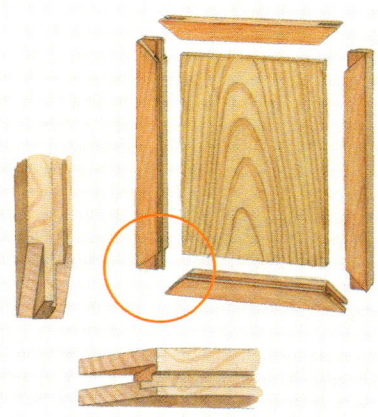

연귀턱맞춤으로 문틀을 짠 다음 홈을 파서 알판을 끼웠다.

6 마감하기

책장을 다 짰으면 사포로 곱게 문지르고 기름을 칠한다. 오동나무는 낙동[146]했거나 먹칠[148]을 했으므로 기름이 안 묻도록 한다. 기름칠을 마쳤으면 문짝을 단다. 경첩과 문고리, 자물쇠는 신주로 만든 것을 달았다.

　기둥재로 쓴 참죽나무[214]는 단단하고 무겁지만, 기둥 사이에 오동나무[207]를 끼워 짰기 때문에 책장은 아주 가볍다.

크기 | 600×320×1833mm
재료 | 참죽나무, 오동나무
마감 | 잣기름, 낙동, 먹칠
장식 | 자물쇠, 경첩

반닫이 짜기

1 구상하기

반닫이[174]는 쓸모가 많은 가구다. 옷도 담고 돈도 담고, 책도 담는다. 크기와 모양은 쓰임새에 따라 다르지만, 무거운 것을 얹거나 담아 두는 일이 많아서 좋은 나무로 튼튼하게 짜야 한다. 주먹장 사개맞춤[132]으로 튼튼하게 짜 맞춘 뒤에 감잡이를 박아 조이면 더 튼튼하다. 반닫이는 다른 가구에 비해 장식을 많이 하는 편이다.

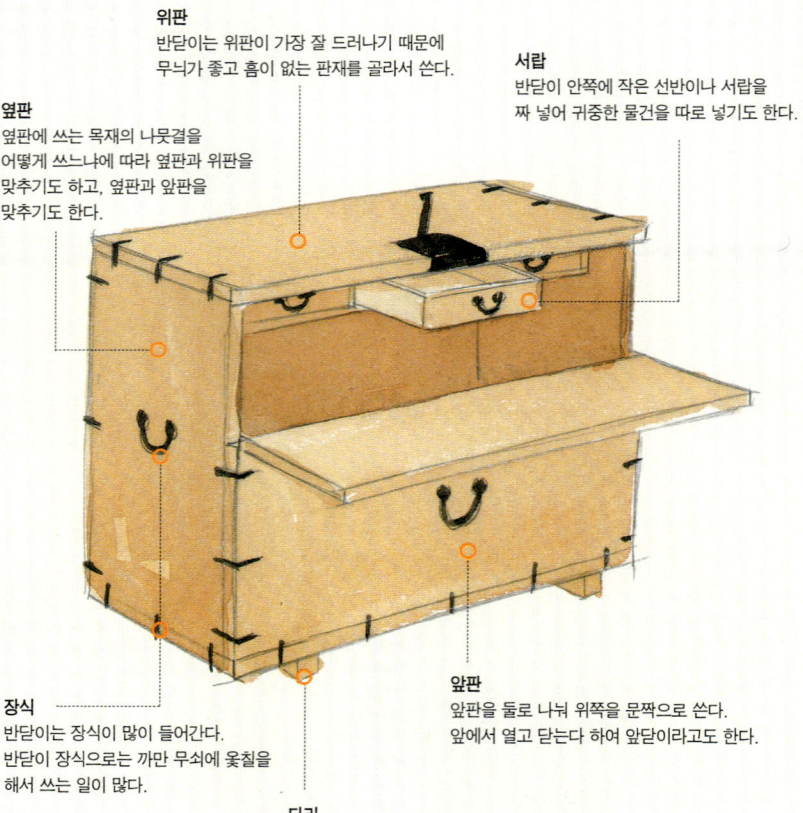

위판
반닫이는 위판이 가장 잘 드러나기 때문에 무늬가 좋고 흠이 없는 판재를 골라서 쓴다.

서랍
반닫이 안쪽에 작은 선반이나 서랍을 짜 넣어 귀중한 물건을 따로 넣기도 한다.

옆판
옆판에 쓰는 목재의 나뭇결을 어떻게 쓰느냐에 따라 옆판과 위판을 맞추기도 하고, 옆판과 앞판을 맞추기도 한다.

장식
반닫이는 장식이 많이 들어간다. 반닫이 장식으로는 까만 무쇠에 옻칠을 해서 쓰는 일이 많다.

앞판
앞판을 둘로 나눠 위쪽을 문짝으로 쓴다. 앞에서 열고 닫는다 하여 앞닫이라고도 한다.

다리
바람이 통하도록 다리를 다는 것이 좋다. 다리가 반닫이보다 튀어나오지 않게 한다.

2 도면 그리기

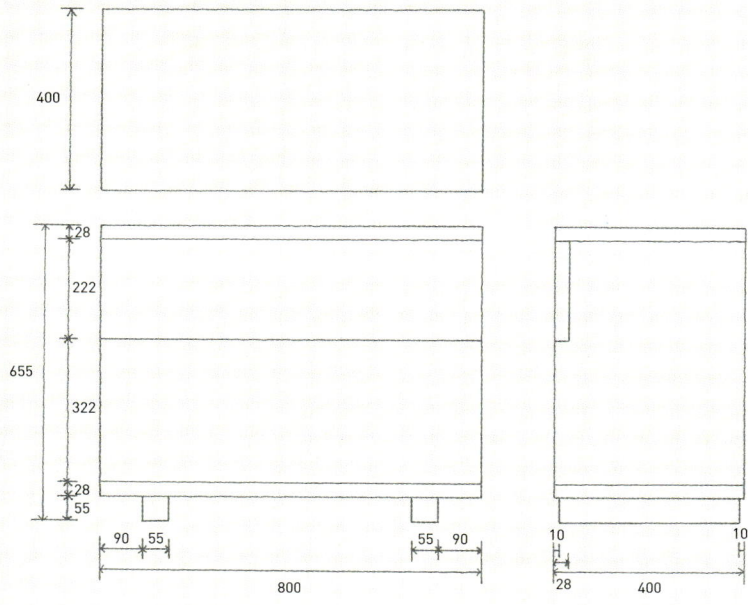

3 목재 마름질하기

반닫이를 짤 때는 느티나무[192]나 소나무[204]를 많이 쓴다. 이번에는 참죽나무[214]를 쓰기로 했다. 참죽나무는 더디게 자라 넓은 판재가 나오기 어렵고, 나무가 무거워 판재로 쓰는 일이 많지 않다. 그런데 마침 넓은 참죽나무 판재가 있어 써 보기로 했다. 판재는 넓을수록 뒤틀리기 쉬우므로 잘 마른 나무를 써야 한다.

목재	수량		
위판	참죽나무	800×400×28mm	1개
앞판	참죽나무	800×222×28mm	1개
		800×322×28mm	1개
옆판	참죽나무	400×272×28mm	4개
뒤판	참죽나무	800×272×28mm	2개
밑판	참죽나무	800×200×28mm	2개

* 서랍과 다리에 들어가는 목재는 포함되지 않았다.

4 반닫이 짜 맞추기

옆판과 앞판의 마구리를 맞닿게 해서 주먹장 사개맞춤[132]을 했다. 앞판과 옆판의 나뭇결을 같은 방향으로 하면 나무가 늘어나거나 줄어들 때도 같이 움직이기 때문에 반닫이가 뒤틀리는 것을 막을 수 있다. 밑판은 짜 맞추지 않는다. 밑판 위에 옆판과 앞판, 뒤판을 올리고 감잡이[155]로 단단하게 박아서 벌어지지 않게 한다. 옆판의 나뭇결을 세워서 마구리가 위로 가게 짤 수도 있다. 옆판과 위판, 옆판과 아래판을 주먹장 사개로 맞추면 위판에 주먹장이 드러나 보기가 좋다.

가구를 짜 맞춘 다음에는 장식을 이리저리 갖다 대 보면서 위치와 비례, 균형을 살핀다. 장식이 준비되지 않았으면 종이로 본을 만들어 대 보아도 된다. 종이를 장식과 같은 색으로 준비하면 더 좋다.

옆판+뒤판+밑판
옆판과 뒤판, 밑판은 좁은 판재를 여러 쪽 붙여서 넓게 부판했다.

위판
무늬가 좋은 판재로 가장 먼저 마름질한다. 붙여서 쓰기보다는 통판을 많이 쓴다.

옆판
옆판과 앞판, 옆판과 뒤판을 주먹장 사개맞춤으로 맞췄다. 이처럼 옆판의 나뭇결을 앞뒤판과 같은 방향으로 맞추면 나무가 늘어나거나 줄어들 때 같이 움직이기 때문에 반닫이가 뒤틀리지 않는다.

밑판
밑판 위에 앞, 뒤, 옆판을 올려서 아교를 바른 다음 조임쇠로 하루 밤낮을 조여 둔다. 아교가 다 굳으면 감잡이로 단단하게 박아서 밑판이 벌어지지 않게 한다. 위판도 마찬가지다.

앞판
앞판을 반으로 갈라 위쪽을 문짝으로 쓴다. 위쪽을 아래쪽보다 좁게 한다.

5 장식 달기

반닫이는 가구 가운데 장식이 가장 많은 가구다. 장식 가운데서도 무쇠로 된 장식을 쓰는 일이 많다. 문을 열 때 문짝에 달린 자물쇠 고리가 가구에 부딪히지 않도록 아래쪽에도 들쇠를 단다. 또 판재끼리 맞닿는 곳은 모두 감잡이로 튼튼하게 덧대고 주먹장 위에도 감잡이를 박아 가구가 틀어지지 않도록 잡아 준다.

- 뻗침대
- 자물쇠
- 앞바탕
- 광두정
- 감잡이
- 경첩
- 받침쇠
- 들쇠

6 마감하기

기름칠을 한 다음 장식을 단다. 장식은 무쇠로 만들어 옻칠을 했다. 기름칠을 한 가구는 쓰면서 때때로 마른걸레로 닦아 주어야 오래도록 윤이 난다.

크기 | 800×400×655mm
재료 | 참죽나무
마감 | 동백기름
장식 | 뻗침대, 자물쇠, 앞바탕, 광두정, 감잡이, 경첩, 들쇠

아름다운 우리 가구

서안, 경상, 문갑
책장
궤, 반닫이, 함
장, 농
찬장
소반
뒤주
약장

서안, 경상, 문갑

　서안은 책을 읽거나 글을 쓸 때 쓰는 낮은 책상이다. 또, 손님이 왔을 때 사이에 두고 마주 앉는다. 넓지 않은 사랑방에 놓이므로 혼자서도 들 수 있을 만큼 작고 가볍다. 다리가 널로 되어 있고, 위판 밑에 선반이나 서랍 한두 개가 있는 것이 많다. 칠을 화려하게 하거나 무늬를 새기는 따위의 치장을 피하고 나뭇결을 살려서 수더분하게 만들었다. 소나무로 짠 것이 많다. 먹칠한 오동나무나 느티나무, 느릅나무처럼 단단한 나무로도 만든다. 다리를 접어서 들고 다니기 편하게 만든 휴대용 서안도 있다.

　서안과 비슷한 것으로 경상이 있다. 본디 절에서 불경을 읽을 때 쓰던 것인데 사랑방에서도 쓰게 되었다. 위판의 양쪽 끝이 살짝 올라가 두루마리로 말린 책이나 종이가 떨어지지 않는다. 다리가 기둥으로 되어 있으며, 다리와 서랍에 화려한 모양을 새긴 것이 많다.

　서안, 경상과 함께 중요한 사랑방 가구로 문갑이 있다. 집안의 중요한 서류나 물건을 깊숙이 보관하기도 하고, 문방 용품이나 일상 용품을 얹어 두기도 한다. 흔히 뒷마당으로 난 창문 아래에 놓고 쓴다. 길이가 같은 문갑 두 개를 나란히 놓기도 한다. 문갑의 모양은 여러 가지인데 문짝을 달기도 하고 서랍을 짜 넣거나 선반을 단 것도 있다. 소나무와 같이 수더분한 나무로 많이 짰는데, 나중에는 문짝에 화려한 무늬목을 대기도 하였다.

문갑
안방이나 사랑방에 두고 쓰는 가구로
집안의 중요한 서류나 물건을 넣어 두었다.

1028 × 222 × 368mm,
가래나무·오동나무, 개인 소장

서안
위판 밑에 선반으로 쓸 판재를
끼우고 그 밑에 다시 서랍을
달았다. 오동나무를 낙동하여 결을
살려 썼다.

656 × 286 × 286mm,
오동나무, 개인 소장

서안
위판과 다리를 사개맞춤으로
짜 맞추었다. 느티나무로
위판을 대고 나머지는 소나무로 짰다.

620 × 260 × 270mm,
느티나무·소나무, 호암미술관 소장

경상
경상은 절에서 쓰던 책상이다.
다리를 화려하게 조각하고
위판의 양쪽 귀를 살짝 올렸다.

763 × 320 × 347mm,
느티나무, 국립중앙박물관 소장

책장

　책장은 책이나 그림을 넣어 두는 가구다. 소박하고 장식이 없는 것이 많다. 책장은 다른 가구보다 다리가 높다. 책이나 그림을 넣어 두기 때문에 바람이 잘 통하게 하는 것이다. 기둥감으로는 단단한 참죽나무나 소나무를 많이 쓰고 판재로는 오동나무나 소나무를 많이 쓴다. 오동나무는 벌레가 생기지 않아 책을 넣어 두기 좋다.

　책을 담아 두는 가구에는 책장 외에도 책탁자, 책함, 반닫이 모양의 책궤 따위가 있다. 책이 많은 집에서는 책을 보관하는 방을 따로 두기도 했다.

　책함은 여러 권이 한 질로 된 책을 담는 것으로 책갑, 책궤라고도 한다. 책함의 크기는 책의 크기와 양에 따라 달라진다. 나무는 오동나무, 소나무, 배나무, 호두나무를 많이 썼다. 오동나무에 먹칠을 하거나 소나무에 한지를 발라 쓰기도 했다.

　책장과 함께 사랑방에서 많이 쓰는 가구로 사방탁자가 있다. 사방이 막힘없이 다 트여 있어 사방탁자라고 한다. 문갑 곁에 두어 아끼는 책이나 도자기, 문방 용품 따위를 올려놓는다.

책함
책함은 오동나무로 많이 만든다.
오동나무는 좀벌레가 생기지 않아
책을 보관하기 좋다.
오동나무를 낙동해 결을 살려 썼다.

378×274×393mm / 211×300×264mm,
오동나무, 개인 소장

책장
옛날에는 책을 세우지 않고 눕혀서 보관했다.
한지로 만든 책은 가볍고 부드러워서 세워 두면
우그러든다.

900×400×1100mm,
소나무·오동나무, 대구아트센터 소장

사방탁자

사방탁자는 가느다란 기둥과 가로지른 층판으로 이루어진다. 모양과 구조가 워낙 단순하므로 어느 가구보다 비례를 중요하게 여긴다. 맨 밑층에는 여닫이문을 달기도 한다. 사방탁자는 한 쌍으로 놓고 쓰는 일이 많다.

470×338×1685mm,
참죽나무·오동나무, 서울대학교 박물관 소장

책장

책장은 바람이 잘 통하도록 다른 가구보다 다리를 높이 만든다. 문은 여닫이문이 많으며 책을 넣고 빼기 편하도록 크게 달았다. 층마다 문짝을 따로 단 것도 있고, 층은 여럿이어도 문짝 하나만 크게 단 것도 있다.

910×510×1718mm,
참죽나무·오동나무, 호암미술관 소장

우리 가구 손수 짜기 173

궤, 반닫이, 함

궤는 곡식, 그릇, 책 따위를 담아 두는 길고 네모진 가구다. 크기는 쓸모에 따라 다른데, 위판을 두 쪽으로 갈라 한쪽을 여닫이문으로 쓴다. 궤를 짤 때는 두꺼운 판재를 쓰고, 판재끼리 주먹장 사개맞춤이나 사개맞춤을 한다. 나무는 소나무, 느티나무, 은행나무, 가래나무, 피나무를 많이 쓴다. 옛날에는 먼 길을 떠나거나 짐을 옮길 때 궤에 물건을 담아 나르기도 하였다. 들어 옮기기 좋도록 양쪽 옆판에 들쇠가 붙어 있다.

궤와 닮은 가구로 함과 반닫이가 있다. 반닫이는 문이 앞에서 열린다고 앞닫이라고도 한다. 앞판을 두 쪽으로 가르고 절반을 문짝으로 쓴다. 안에는 책이나 옷, 그릇 따위를 넣어 두고, 위에는 이불을 쌓거나 다른 살림살이를 올려 둘 수 있다. 반닫이는 만든 지방에 따라 장식의 모양이나 배치가 조금씩 다르다. 만든 지역 이름을 따라 경기반닫이, 전라도반닫이, 경상도반닫이, 평양반닫이라 한다. 반닫이는 다른 가구와 견주어 볼 때 유난히 쇠장식이 많다.

함은 아래짝이 깊고 위 뚜껑은 얕다. 궤보다 작고 화려한 것이 많으며 귀한 물건이나 문서를 담아 두었다. 넣는 물건에 따라 서류함, 바느질함, 혼수함 따위가 있다.

궤
궤는 길고 낮게 생긴 것이 많다. 크기로 보아 돈궤로 썼을 듯싶다. 위판을 둘로 갈라 경첩을 달고 한쪽을 문짝으로 쓴다.
1042×610×453mm,
국립중앙박물관 소장

함
함을 짤 때는 전체를 한 통으로 짠 뒤,
톱질하여 둘로 나눈다. 그래서 얕은 쪽을
뚜껑으로 쓴다. 모든 판재를 연귀로 짰기
때문에 짜 맞춘 흔적이 밖으로 드러나지 않는다.
용목을 써서 나뭇결이 화려하다.

335 × 158 × 127mm,
물푸레나무, 이화여자대학교 박물관 소장

함
오동나무로 만들어서 모양과 느낌이
단순하다. 속에 들어낼 수 있는
속서랍을 넣어 2층으로 썼다.
뚜껑 뒤에 경첩을 달았다.

470 × 135 × 140mm,
소나무·오동나무, 서울역사박물관 소장

반닫이
진주 지방에서 만든 반닫이다.
마름모꼴 받침쇠와 대나무 마디처럼 줄이 간 뻗침대가
진주반닫이의 특징이다. 느티나무로 만들었으며
반닫이치고는 장식이 그다지 많지 않다.

950 × 430 × 630mm,
느티나무, 대구아트센터 소장

장, 농

이층농
받침대 위에 두 짝을 포개어 놓은 이층농이다. 먹감나무를 문짝의 무늬목으로 썼다.

785×385×1165mm,
감나무·배나무·오동나무, 개인 소장

의걸이장
위층에는 횃대가 있어 두루마기나 치마 따위의 긴 옷들을 걸쳐 두고, 아래층에는 옷을 접어서 포개거나 모자, 장신구 따위를 넣어 둔다. 옷을 담는 가구 가운데 가장 키가 크다.

710×457×1817mm,
오동나무, 국립중앙박물관 소장

장은 전체가 한 통으로 되어 있는 가구이고, 농은 각 층마다 떼서 나눌 수 있는 가구를 말한다. 장과 농에는 옷가지나 옷감, 버선 따위를 개켜 넣기가 좋다.

장은 보이는 층수에 따라 머릿장, 이층장, 삼층장이라 한다. 쓰임새에 따라 버선과 같은 작은 물건을 넣어 두는 버선장, 긴 옷을 구기지 않도록 횃대에 걸쳐 두는 의걸이장이 있다.

층마다 떼어 낼 수 있는 농은 처음에는 위판에 문짝을 두었다고 한다. 문짝을 앞판으로 내려 달면서 위로 포개서 쓸 수 있게 되었다. 들고 나르기 좋게 양쪽 옆면에 들쇠를 단 것도 더러 있다. 농은 재료에 따라 먹감나무농, 자개농이라 한다. 장이나 농 위에는 함이나 작은 궤를 올려놓는 일이 많다.

머릿장
머릿장은 단층으로 된 가구다. 머리맡에 두고 옷가지를 넣거나 열쇠, 문서처럼 귀한 물건을 넣어 두었다.

715×468×725mm,
물푸레나무, 국립민속박물관 소장

삼층장
뼈대는 하나로 이어졌지만 속은 층이 나뉘었으며, 문도 층마다 따로 달았다. 층이 나뉘는 곳에 감잡이를 박아 맞춤을 더 튼튼하게 만들었다.

1103×548×1700mm,
느티나무·소나무, 국립민속박물관 소장

찬장

부엌 찬장
다리가 길어 물기가 닿지 않고
바람이 잘 통해서 음식물이 쉽게 상하지 않는다.
또 쥐나 벌레 따위가 타고 오르기 어렵다.

1350 × 540 × 1350mm,
국립민속박물관 소장

찬장은 음식과 그릇을 넣어 두는 부엌 가구다. 놋그릇이나 사기그릇처럼 무거운 그릇을 올려놓기 때문에 두꺼운 나무로 튼튼하게 짠다.

찬장은 대개 2~3층으로 만들며 각 층마다 두 짝, 또는 네 짝의 여닫이문을 단다. 문짝을 떼어 낼 수 있도록 경첩 대신에 돌쩌귀를 달기도 하고, 더러 미닫이문을 단 것도 있다. 바닥에서 습기가 올라오는 것을 막고, 바람이 잘 드나들 수 있도록 다리를 높게 만든다. 찬장 위에는 소쿠리와 같이 가볍고 덩치가 큰 살림살이를 얹어 두기 좋다. 나무는 단단한 느티나무나 소나무를 많이 쓰고, 장식은 무쇠로 된 경첩과 둥근 고리 손잡이를 많이 단다. 찬장 가운데 문과 벽이 없는 것은 찬탁이라고 한다.

옛날에 살림이 넉넉한 집에서는 작은 방 뒤쪽에 찬마루, 또는 찬방이라고 하는 방을 따로 두어 부엌 살림살이와 먹을거리를 보관했다. 또 찬장을 여러 개 만들어 큰 찬장은 부엌이나 대청마루에 두고, 작은 찬장은 부뚜막이나 찬방에 놓고 쓰기도 했다. 찬장을 두기 어려운 집에서는 부엌 벽에 간단하게 선반을 달아서 썼다.

이층 찬장
찬장은 무거운 그릇을 올려 둘 수 있도록 크고 굵은 목재로 짠다.

1090×550×1600mm,
느티나무·소나무, 개인 소장

삼층 찬탁
찬탁과 찬장을 합친 모양이다.
가운데칸에는 음식을 넣고
아래칸과 위칸에는 그릇을 올려놓았다.

1011×380×1500mm,
개인 소장

소반

호족반
다리 모양이 호랑이 다리같이
생겼다고 호족반이라고 한다.

ø 525 × 371mm,
은행나무, 개인 소장

개다리소반
휜 다리 모양이 개 다리와 닮았다고
개다리소반이라고 한다.

ø 430 × 290mm,
소나무, 국립민속박물관 소장

공고상
공고상은 머리에 이고 나를 때 쓰는
소반이다. 다리에 새긴 문양은
소반을 나를 때 손잡이로도 쓴다.

ø 395 × 268mm,
은행나무, 호암미술관 소장

소반은 음식을 차려 먹는 작은 밥상이다. 혼자서도 쉽게 들고 나를 수 있도록 작고 가볍게 만든다. 소반은 혼자나 둘이 먹기에 좋고, 여럿이 먹을 때는 크고 둥근 두레상을 쓴다.

나무는 은행나무를 가장 많이 쓴다. 은행나무는 향이 있어서 벌레가 슬지 않고, 늘어나거나 줄어드는 일이 적기 때문이다. 또 은행나무는 옻칠이 잘 먹는다. 소반은 물에 닿는 일이 많아서 나무가 트거나 흠이 생기지 않도록 옻칠을 해야 한다. 이 밖에 가볍고 잘 터지지 않는 피나무, 오리나무, 가래나무, 소나무도 많이 쓴다.

소반은 만드는 지역이나 다리 생김새, 쓰임새에 따라 이름이 다 다르다. 지역에 따라 해주반, 통영반, 나주반이 있고, 다리 생김새에 따라 개 다리를 본떠 만든 개다리소반, 호랑이 다리를 본뜬 호족반이 있다. 상판은 둥글거나 네모지거나 각이 졌다. 쓰임새에 따라 궁에서 쓰는 수라상, 머리에 이고 가는 공고상, 술과 안주를 담아 나르는 주안상 따위가 있다.

나주반
전라남도 나주에서 만든 소반이다.
넓은 위판은 느티나무 두 쪽을
붙여서 만들었다.

740 × 472 × 324mm,
느티나무·소나무, 국립민속박물관 소장

해주반
황해도 해주 지방에서
만든 소반이다. 해주반은 다리에
여러 가지 장식을 새긴 것이 특징이다.

274 × 230 × 214mm,
은행나무, 호암미술관 소장

소반
강원도 살림집에서
만든 소반이다. 상 테두리를
끼우지 않고 통판을 깎아 만들었다.

468 × 342 × 272mm,
소나무, 국립민속박물관 소장

통영반
경상남도 통영에서 만든 소반이다.
다리 중간에 대를 둘러 판과
다리가 틀어지지 않게 하였다.

508 × 360 × 290mm,
소나무, 국립민속박물관 소장

뒤주

뒤주는 쌀이나 깨, 팥 따위의 곡식을 담아 두는 궤 모양의 부엌 가구다. 쌀을 담는 뒤주가 가장 크고, 팥이나 콩이나 깨를 담는 뒤주는 작다. 뒤주는 무거운 곡식을 담아도 견딜 수 있게 굵은 기둥에 두꺼운 판재를 끼워 만든다. 뚜껑 아래 네 기둥을 맞추는 방법이 집을 지을 때 쓰는 기둥 맞춤과 같아 아주 튼튼하다. 위판은 반으로 갈라 반쪽을 뚜껑으로 쓴다. 경첩을 달지 않아 뚜껑을 들어낼 수도 있다. 찬장과 마찬가지로 다리를 높게 만들어 바람은 잘 통하고 쥐나 벌레가 들지 않게 한다. 뒤주를 짜는 나무로는 단단한 느티나무나 소나무, 회화나무를 많이 쓴다. 뒤주는 주로 대청마루에 놓지만 부엌에 딸린 찬방이나 뒤란 지붕 밑에 두기도 했다.

뒤주
한강에 있는 밤섬에서 짠 뒤주다.
밤섬뒤주는 기둥과 쇠목의
비례가 좋고, 느티나무 판재를 써서
뒤주 가운데 으뜸으로 친다.
소나무로 뼈대를 먼저 세우고 거기에
느티나무 판재를 끼워 맞췄다.
950×610×925mm,
느티나무·소나무, 서울역사박물관 소장

뒤주
제주도에서 짠 뒤주다. 다른 뒤주와
마찬가지로 위판을 두 쪽으로
나누어 한 쪽만 뚜껑으로 쓴다. 제주도에서
자란 왕벚나무로 만들어서 아주 단단하다.

1190 × 500 × 540mm

왕벚나무·소나무, 대구아트센터 소장

뒤주
이 뒤주는 속이 둘로 나뉘어 있다. 가운데를 막고
쌀이나 보리 따위 곡식을 따로 담아 두었다. 문도 따로 달았다.
함부로 쌀을 퍼낼 수 없게 자물쇠를 채워 두기도 했다.

1770 × 835 × 1095mm,
느티나무, 호암미술관 소장

약장

약장
약장 서랍은 오동나무로 가장 많이 만들고, 약 이름을 새기거나 적는 앞판은 배나무, 은행나무, 감나무, 오동나무, 소나무 따위를 댄다. 이 약장 서랍의 앞판은 느티나무다. 글자가 잘 보이도록 바닥에 옻칠을 한 뒤에 흰 돌가루로 글씨를 썼다.

1100×350×1550mm
소나무·오동나무·느티나무, 개인 소장

접는 약장
뒷면에 경첩을 달아서 열고 닫을 수 있게
만들었다. 가벼운 오동나무로 만들어서
들고 다니기 좋다. 석회를 아교에 개어
붓으로 약재 이름을 썼다.

555×320×716mm
오동나무, 개인 소장

약장은 약재를 넣어 두는 가구다. 약재마다 따로 넣기 때문에 서랍이 많다. 서랍 하나에 한 가지 약재를 담거나 안쪽에 칸을 질러서 두 세 가지 약재를 나누어 담기도 한다. 칸막이 높이는 서랍 높이와 같다. 약재끼리 섞이거나 약재의 향기가 뒤섞이지 않아야 하기 때문이다. 서랍마다 뚜껑을 덮어 두기도 한다.

서랍 앞판에는 약재의 이름을 새기거나 적는다. 약장 아래쪽에는 큰 서랍을 두어 양이 많은 약을 담고, 귀한 약이나 위험한 약은 따로 넣어 자물쇠를 채웠다. 약장 서랍은 오동나무가 가장 좋다. 습기도 덜 타고 벌레도 안 생기기 때문이다.

약방에서 쓰는 약장은 좀 더 크고 집에서 쓰는 약장은 서랍 수도 적고 크기도 작다. 꼭 필요한 약만 담아 들고 다니는 휴대용 약장도 있다.

약농
옆에 나란히 놓을 수도 있고, 위로 포개어 쌓을 수도 있다. 뼈대는 소나무로 세우고
서랍은 오동나무로 짰는데 서랍 앞판은 은행나무를 썼다.

735×303×520mm가 두 개,
소나무·오동나무·은행나무, 개인 소장

우리 가구 손수 짜기 185

가래나무   굴참나무   대추나무   물푸레나무   버드나무
감나무   느티나무   돌배나무   박달나무   산벚나무
고욤나무   단풍나무   물오리나무 밤나무   산뽕나무

상수리나무　　아까시나무　　자작나무　　졸참나무　　피나무
소나무　　　　오동나무　　　잣나무　　　주목　　　　향나무
금강송　　　　은행나무　　　전나무　　　참죽나무　　호두나무

_{부록} **우리 목재**

가래나무

가래나무과 | Manchurian walnut

가래나무 목재는 질기고 단단하면서도 나뭇결이 고르기 때문에 다루기가 좋다. 줄기가 곧게 자라고 다 자라면 꽤 굵어서 판재로도 쓸 수 있다. 호두나무와 비슷하지만 호두나무보다 치밀하고 단단하다. 굵게 잘 자란 가래나무는 베어다가 장롱을 짠다. 색과 나뭇결이 고와서 반닫이나 문갑, 소반 따위를 만들어도 좋다. 가래나무 목재는 나뭇결이 곧아서 가구를 만들면 뒤틀리지 않는다. 단단하면서도 가벼워서 예전에는 비행기를 만들 때도 썼다고 한다. 다루기가 쉬워서 조각할 때도 쓴다. 나무에 기름기가 많아 대패로 목재 면을 다듬으면 윤이 난다.

나이테가 뚜렷하고 나뭇결이 아주 곧다. 기름기가 많아 윤도 난다. 심재는 불그스름한 밤색이고 변재는 잿빛이 도는 노란색이다. 엇결과 순결이 뒤섞이지 않아 손연장으로 다루기가 좋다.
85×20×135mm, 149g, 충북대 목재연륜소재은행

감나무

감나무과 | Persimmon

감나무 목재는 부드러우면서도 치밀하다. 또 단단하면서도 탄력이 있다. 감나무 가운데 먹감나무를 더 귀하게 여긴다. 먹감나무는 감나무가 여러 해 묵어서 나무 속이 검어지거나 검은 무늬가 보기 좋게 번져 있는 나무를 말한다. 먹감나무는 무늬목으로 많이 쓴다. 워낙 귀한데다가 통째로 쓰면 잘 갈라지기 때문이다. 얇게 켜서 다른 나무에 붙여 쓰거나, 작게 켜서 가구의 앞판처럼 잘 드러나는 곳에 쓴다. 목수들은 전라남도에서 자란 먹감나무의 무늬가 좋다고 한다.

목재 면이 부드러우면서도 치밀해서 손에 닿는 느낌이 좋다. 색은 누르스름하다.
나무가 단단해서 대패나 톱 같은 손연장을 쓰려면 힘이 든다.
먹감나무, 85×20×135mm, 183g, 충북대 목재연류소재은행

고욤나무

감나무과 | Date plum

고욤나무는 단단하다. 감나무와 형제나무로 감나무만큼 단단하고 치밀하다. 다 자라도 그다지 굵지 않아서 큰 가구나 집을 짓는 데 쓰기는 어렵지만, 물에 닿아도 잘 썩지 않고 질긴데다 무늬가 고와서 그릇이나 도마 같은 작은 살림살이를 만들면 좋다. 감나무를 고욤나무에 접붙이면 감도 잘 열리고 먹감나무도 잘 나온다.

목재 면이 치밀하고 매끄럽다.
나무색이 곱고 윤이 난다. 심재는 연한 밤색이고 변재는 진한 밤색이다.
대패나 톱 같은 손연장으로 다룰 만하다.

85×20×135mm, 183g, 충북대 목재연륜소재은행

굴참나무

참나무과 | Oriental oak, Cork oak

참나무 종류는 모두 무겁고 단단하다. 잘 썩지 않고 질겨서 기찻길이나 탄광에서 받침목으로 많이 쓴다. 쟁기나 수레 같은 농사 연장도 많이 만든다. 크게 잘 자란 나무는 집을 지을 때 기둥이나 보로 쓰기도 한다. 참나무는 모두 나이테 한가운데서 사방으로 흰 줄이 뻗어 있다. 방사조직이라고 한다. 이런 방사조직이 있는 것이 참나무의 특징이다. 방사조직을 따라 잘 쪼개지기 때문에 가구를 만드는 데는 참나무를 잘 쓰지 않는다.

굴참나무는 줄기보다 껍질을 많이 쓴다. 굴참나무 껍질은 폭신폭신하고 두껍다. 굴참나무 껍질을 굴피라고 하는데 굴피는 잘 썩지 않고 가볍다. 산골 마을에서는 두꺼운 굴피를 벗겨서 지붕을 인다.

나이테에 사방으로 뻗은 방사조직이 있다. 심재는 어두운 밤색이고 변재는 누르스름한 흰색이다.
무척 단단해서 손연장으로 가구를 짜기는 어렵다.
85×20×135mm, 199g, 충북대 목재연륜소재은행

느티나무

느릅나무과 | Zelkova tree

느티나무는 단단하고 굵게 자라는데다 무늬가 좋아서 옛날부터 목재 가운데 으뜸으로 친다. 휘거나 뒤틀리지 않고 벌레도 잘 안 먹는다. 판재로도 쓰고 각재로도 쓴다. 무늬가 화려한 용목이 나와 무늬목으로도 쓴다. 느티나무는 여러 가지 살림살이를 만들어도 좋다. 국수를 밀 때 쓰는 넓적한 안반도 느티나무로 만든 것이 좋다. 물에 닿아도 잘 썩지 않아서 배를 뭇기도 한다. 울림이 좋아 악기통을 만들기도 하고, 집을 지을 때 기둥으로 쓰기도 한다. 옛날부터 좋은 목재로 여겼지만 너무 단단해서 쓰기 어려웠는데, 요즘은 연장이 좋아지면서 쓰기가 수월해졌다.

느티나무를 좋은 목재로 쓰려면 백 년은 자라야 한다. 젊은 느티나무는 휘고 틀어지는데다 갈라져서 쓰기가 나쁘다. 나이가 많을수록 휘거나 뒤틀리지 않아 좋은 목재가 된다. 목수들은 전라도에서 자란 느티나무를 더 좋은 목재로 친다.

목재 면은 거칠고 기름기가 조금 밴 것처럼 윤이 난다. 심재는 노란빛이 도는 밤색이고 변재는 노란 줄무늬가 있는 흰색이다. 무척 단단해서 대패나 톱 같은 손연장으로 다루기 어렵다.
85×20×135mm, 162g, 충북대 목재연륜소재은행

단풍나무

단풍나무과 | Maple

단풍나무는 단단하면서도 나뭇결이 예쁘다. 가구를 만들면 좋은데 나무가 크게 자라지 않아서 쓸 만한 판재를 얻기가 어렵다. 단풍나무에서도 가끔 무늬가 화려한 용목이 나온다. 좋은 무늬를 살려서 함처럼 작은 가구를 만들거나 다른 목재에 무늬목으로 붙여서 쓴다. 나무가 단단하면서도 무겁지 않아 피아노 건반 머리나 테니스 채, 볼링핀을 만들 때도 쓴다. 체육관 바닥재로 써도 좋다. 해인사에 있는 고려대장경 경판 일부와 충남 갑사 월인석보 판목이 단풍나무다.

목재 면이 치밀하고 나뭇결이 예쁘다. 심재는 붉은 줄무늬가 있는 밤색이고 변재는 밤색이 도는 누르스름한 흰색이다.

72×10×147mm, 79g, 국립산림과학원

대추나무

갈매나무과 | Jujube

대추나무 목재는 아주 단단하다. 단단하면서 물에 닿아도 잘 썩지 않아 홍두깨나 떡메 같은 작은 살림살이를 만들어 쓴다. 여러 가지 무늬나 글자를 새겨서 떡살도 만들고 연장 자루로도 쓴다. 필통이나 목탁, 불상 같은 공예품을 만들어도 좋다. 아름드리로 크게 자라는 나무가 드물고, 판재로 켜면 잘 갈라져서 큰 가구를 짜기는 어렵다.

옛날부터 대추나무로 판 도장을 귀하게 여겼다. 또 벼락 맞은 대추나무를 몸에 지니면 행운이 온다고 여겼다. 벼락 맞은 대추나무 목재는 잘 익은 대추처럼 붉은 빛이 나며 물에 가라앉을 만큼 무겁고 돌처럼 단단해, 도끼나 톱으로도 잘 쪼개지지 않는다. 벼락을 맞는 순간 나무가 아주 빠르게 마르면서 단단해지기 때문이다.

나무색이 곱고 무늬가 아름답다. 심재는 붉은빛이 도는 밤색이고 변재는 노란빛이 나는 흰색이다.
85×20×135mm, 203g, 충북대 목재연륜소재은행

돌배나무

장미과 | Sand pear

돌배나무 목재는 단단하고 무거우면서도 나뭇결이 고르기 때문에 다루기가 쉽다. 또 질기고 잘 갈라지지 않는다. 다루기가 쉽고 질기기 때문에 목판을 새길 때 많이 쓴다. 조각을 하기에도 좋다. 해인사에 있는 팔만대장경 경판도 돌배나무와 산벚나무로 만든 것이 많다. 잘 자란 나무는 장이나 문갑, 사방탁자의 뼈대로 쓰기도 하지만 보통 줄기가 비틀리면서 자라기 때문에 좋은 기둥감은 찾기 어렵다.

손에 닿는 느낌이 단단하면서도 매끄럽다. 옅은 밤빛이고
심재와 변재는 뚜렷하지 않다. 대패나 톱 같은 손연장으로 다루기 쉽다.
85×20×135mm, 176g, 충북대 목재연륜소재은행

물오리나무 자작나무과 | Manchurian alder

물오리나무 목재는 아주 가벼우면서도 단단해서 그릇을 만들어 쓰기에 가장 좋은 목재다. 나무가 매끄럽고, 마르면서 갈라지거나 터지지 않아 조각을 해도 좋다. 악기통을 만들거나 배를 뭇기도 한다. 굵지는 않지만 곧게 잘 자라기 때문에 집을 짓는 데 쓰거나 농기구를 만들어 써도 좋다. 깎아 놓으면 나무가 붉어져서 예전에는 물오리나무로 장승을 많이 깎았다. 물오리나무는 불땀이 세서 숯이나 땔감으로도 좋다.

나이테가 뚜렷하지는 않지만 잘 보이고 무늬도 곱다. 나무에서 옅은 향기가 난다.
엇결과 순결이 뒤섞이지 않아 손연장으로 다루기 좋다.
85×20×135mm, 102g. 충북대 목재연륜소재은행

물푸레나무

물푸레나무과 | Korean ash

물푸레나무 목재는 단단하고 무겁다. 단단하면서도 탄력이 있어서 도낏자루나 도리깨 같은 농사 연장을 만들면 좋다. 요즘은 야구방망이나 스키, 테니스 채 같은 운동 기구를 만들기도 한다. 눈이 많이 오는 강원도에서는 눈밭에서 신는 설피를 물푸레나무로 얽었다. 아름드리로 잘 자란 물푸레나무는 나뭇결이 아름다워서 궤나 함을 짜면 보기 좋다. 흔하지는 않지만 오래된 물푸레나무에서 무늬가 고운 용목이 나오기도 한다.

나이테가 뚜렷하고 무늬가 아름답다. 희끄무레한 누런색에 은빛이 돈다. 윤기도 있다.
85×19×135mm, 197g. 충북대 목재연륜소재은행

박달나무

자작나무과 | Birch

박달나무는 우리 나무 가운데 무겁고 단단하기가 으뜸이다. 도끼로 박달나무를 찍으면 오히려 도끼가 부러질 정도라고 한다. 물에 가라앉을 만큼 무거워서 그물에 매다는 추로 만들기도 한다. 무겁고 단단한데다 갈라지거나 터지지 않아 방망이나 홍두깨, 다듬이 받침 같은 살림살이를 만들 때 많이 쓴다. 옛날에는 수레바퀴나 바퀴살을 만들었다. 도장을 팔 때도 박달나무를 쓴다. 나무가 단단해서 잘 깨지지 않는데다 인주가 잘 묻고 또렷하게 찍혀서 좋다.

예전에는 큰 박달나무를 더러 볼 수 있었다고 한다. 그런데 워낙 쓸모가 많아 크게 자라도록 두지를 않아서 지금은 큰 나무를 좀처럼 찾아보기 어렵다.

나이테는 뚜렷하지 않지만 목재 면이 곱고 윤기가 난다. 심재는 붉은 밤색,
변재는 연한 밤색으로 심재와 변재가 뚜렷하다. 대패나 톱 같은 손연장으로 가구를 짜기는 어렵다.
84×20×135mm, 212g, 충북대 목재연륜소재은행

밤나무

참나무과 | Chestnut

밤나무 목재는 단단하다. 목재에 타닌 성분이 들어 있어서 땅 속에 묻어 두거나 물기가 많은 곳에 두어도 잘 썩지 않는다. 옛날부터 밤나무로 관을 많이 짰다. 써레나 달구지도 만들고 연자방아 축이나 절굿공이를 만드는 데도 썼다. 거문고 같은 악기통도 만들고 기찻길 받침목으로도 많이 썼다. 나뭇가지는 말뚝으로 써도 좋다. 경주 천마총 안 나무 울타리도 밤나무로 만들었다. 또 사당이나 묘에 세우는 위패는 밤나무로 잘 만든다. 그래서인지 집 가까이에서 구할 수 있는 좋은 목재인데도 가구를 짜는 데는 잘 쓰지 않는다.

목재 면이 거칠고 눈매가 크다. 심재는 옅은 밤색이고
변재는 밤색이 도는 흰색이다. 손연장으로 다루기 어렵다.
85×20×135mm, 142g, 충북대 목재연륜소재은행

버드나무   버드나무과 | Korean willow

버드나무 목재는 아주 가볍고 부드러우면서도 질기다. 나무에 독이 없어 이쑤시개나 나무 젓가락, 도마를 만들어 쓴다. 색이 곱고 환해서 작은 가구나 상자를 짜도 좋다. 나무가 힘이 없고 줄어들거나 휘기를 잘 해서 집을 짓는 데는 못 쓴다. 섬유질이 많아서 종이나 옷감을 만들어 쓰기도 한다. 버드나무의 한 종류인 고리버들로는 고리나 키를 엮는다. 고리버들 가지는 싸릿가지처럼 속이 희고 잘 구부러진다.

누런 밤색인데 변재가 조금 더 희다. 손연장으로 다룰 만하다.
목재에 파랗게 곰팡이가 끼었다. 버드나무에서는 흔히 있는 일이다.
85 × 18 × 135mm, 96g, 충북대 목재연륜소재은행

산벚나무

장미과 | Sargent cherry

산벚나무 목재는 단단하면서도 목재 면이 아주 곱고 매끄럽다. 목판을 만들면 아주 좋다. 다루기가 쉬워 글자를 새기기 좋고, 나무가 무르지도 않고 잘 썩지 않아서 두고두고 찍을 수 있다. 해인사에 있는 팔만대장경 경판도 산벚나무로 만든 것이 가장 많다. 살림살이를 만들거나 장식품을 만들 때도 쓴다. 가구 서랍이나 문판에 붙이는 장식을 만들 때도 산벚나무를 많이 썼다. 다 자라면 판재로도 쓸 만하다.

산벚나무와 비슷한 나무로는 벚나무, 왕벚나무, 개벚나무, 올벚나무, 털벚나무 따위가 있다.

목재 면이 곱고 매끄럽다. 심재는 짙은 밤색이고 변재는 노란빛이 도는 흰색이다.
대패나 톱 같은 손연장도 잘 받는다.

85×20×135mm, 160g, 충북대 목재연륜소재은행

산뽕나무

뽕나무과 | Mulberry

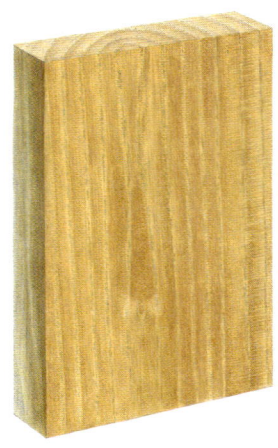

산뽕나무 목재는 질기고 단단하다. 탄력이 좋아서 크게 휘어 놓아도 부러지지 않고 천천히 제자리로 돌아온다. 활을 메우기에 아주 좋은 나무다. 뽕나무 활이 좋다 보니 마을마다 뽕나무를 심어 나라에 바치게 한 때도 있었다. 지금도 우리 나라 전통 활인 국궁을 메울 때는 뽕나무가 꼭 들어간다. 무늬가 고와서 가구 문판에 무늬목으로도 쓴다. 산뽕나무는 뽕나무와 생김새도 비슷하고 나무 쓰임새도 거의 같다.

나이테가 뚜렷해서 나뭇결도 아름답다. 색깔은 진한 편이다. 심재는 노란색이고 변재는 노란빛이 도는 흰색이다. 대패나 톱 같은 손연장도 잘 받는다.

85×20×135mm, 156g, 충북대 목재연륜소재은행

상수리나무

참나무과 | Sawtooth oak

상수리나무는 단단하고 무겁다. 워낙 흔해서 연장 자루로 가장 많이 깎아 쓴다. 또 물에 닿아도 잘 썩지 않아서 배를 무어도 좋고 관을 짜는 데 쓰기도 한다. 불땀이 좋아 땔감으로도 많이 쓴다. 상수리나무도 다른 참나무 목재처럼 방사조직이 있어서 마르면서 잘 쪼개진다. 그래서 가구로 짜는 일은 흔치 않다. 상수리나무에는 술의 향기와 맛을 좋게 하는 모락톤이라는 성분이 많이 들어 있어 참나무 가운데서도 술통으로 쓰기 가장 좋다. 숯으로 굽기도 하고 표고버섯을 키우는 나무로도 쓴다. 나무가 단단하고 곧게 자라 옛날부터 집이나 절을 지을 때 기둥감으로 쓰기도 했다.

심재는 검은빛이 도는 밤색이고 변재는 붉은빛과 노란빛이 도는 흰색이다.
나무가 단단해서 대패나 톱 같은 손연장으로 다루기 어렵다.

85×20×135mm, 196g, 충북대 목재연륜소재은행

소나무

소나무과 | Red pine

소나무는 우리 나라 나무 가운데 목재의 쓰임새가 가장 많다. 단단하면서도 가볍고 힘을 많이 받아도 쉽게 부러지지 않는다. 송진이 들어 있어 냄새가 좋고 벌레가 생기지 않으며 잘 썩지 않는다. 집이나 절을 지을 때 기둥감으로도 쓰고, 장이나 농, 궤, 반닫이를 짜서 쓰기도 한다. 집 가까이에서 쉽게 구할 수 있어 농사 연장을 만들어 쓰는 일도 많다. 오래 말릴수록 송진이 굳어서 좋은 목재가 된다.

심재는 붉은빛이 도는 밤색이고 변재는 노란빛이 도는 흰색이다.
손연장으로 다루기 좋다.

115×20×135mm, 142g, 충북대 목재연륜소재은행

금강송

소나무과 | Geumgang red pine

같은 소나무라도 내륙 지방에서 구불구불 굽어서 자란 소나무를 육송이라고 하고, 강원도 깊은 산에서 곧게 자란 소나무는 금강송이라고 한다. 금강송은 일반 소나무보다 곧고 잔가지가 없으며 껍질이 유난히 붉다. 금강송을 강송 또는 춘양목이라고도 한다. 산에서 벤 금강송을 경상북도 봉화에 있는 춘양역으로 모았다가 기차로 실어 나르면서 춘양목이라는 이름이 붙었다. 금강송은 육송보다 더 단단하며 나뭇결이 고르고 나이테가 촘촘하다. 빛깔도 더 진하고 냄새도 더 좋다. 대패질한 목재를 손바닥으로 문지르면 손바닥에 기름기가 돌며 착착 붙는 느낌이 들고 부드럽다.

나이테가 촘촘하고 일반 소나무보다 색이 더 진하다. 심재는 붉은빛이 돌고 변재는 노란빛이 도는 흰색이다. 손연장으로 다루기도 좋지만, 춘재와 하재가 뚜렷하고 나무가 단단해서 나뭇결을 따라 갈라지거나 뜯어지기 쉽다.

83×20×135mm, 105g, 충북대 목재연륜소재은행

아까시나무

콩과 | Black locust

아까시나무 목재는 무겁고 단단하며 기름기가 많아 나무에 윤기가 돈다. 땅 속에 박아 놓아도 잘 썩지 않고 오래 가기 때문에 고춧대 버팀목이나 말뚝으로 박아도 좋고, 기찻길 받침목으로도 많이 쓴다. 질기고 잘 썩지 않지만 틀어지기가 쉽고 나무색이 곱지 않아 가구를 짜는 데는 잘 쓰지 않는다. 단단하고 윤기가 있어 실내 체육관 마룻바닥으로 쓸 만하다.

눈매가 크고 색이 거칠다. 심재는 노란빛이 도는 밤색이고
변재는 노란빛이 도는 흰색이다. 나무가 단단해서 대패나 톱으로 다루기가 쉽지 않다.
84×20×135mm, 171g, 충북대 목재연륜소재은행

오동나무

현삼과 | Royal paulownia

오동나무 목재는 가볍고 잘 틀어지지 않는다. 습기를 막아주고 좀벌레가 생기지 않아 가구에 쓰는 판재로는 으뜸이다. 오동나무 상자 안에 물건을 넣어 두면 안전하게 보관할 수 있다. 집을 지을 때 처마 물받이로 쓰기도 한다. 오동나무로 만든 악기도 귀하게 여긴다. 울림이 좋아서 거문고나 가야금, 장구통 따위를 만들 때 울림통으로 쓰면 곱고 맑은 소리가 난다. 오동나무는 나뭇결이 크고 예쁘지만 색이 옅어서 결이 잘 드러나지 않는다. 그래서 나무 겉면을 불로 태워 결을 살려서 쓰는 일이 많다. 불로 태워 문지르면 무른 결은 닳아 없어지고 단단한 결이 도드라져서 보기 좋다. 나무도 더욱 질겨진다. 오동나무와 닮은 참오동나무가 있는데, 마찬가지로 좋은 목재감이다. 참오동나무가 오동나무보다 흔하다.

나이테가 넓고 춘재와 하재가 뚜렷하다. 심재와 변재는 색이 거의 같고 연한 붉은빛이다.
대패나 톱 같은 손연장으로 다루기 좋지만 물러서 끌질을 하면 나무가 뭉개진다.
85×20×135mm, 79g, 충북대 목재연륜소재은행

은행나무

은행나무과 | Ginkgo

은행나무 목재는 가볍고 매끄러워서 옻칠을 하면 좋다. 가벼우면서도 다듬기가 쉽고 마른 뒤에도 잘 뒤틀리지 않아 소반을 만들기에 으뜸이다. 은행나무로 만든 소반은 행자반이라고 해서 옛날부터 귀하게 여겼다. 그릇이나 도마 같은 부엌살림을 만들어도 아주 좋다. 은행나무에는 플라보노이드가 들어 있어서 항균 작용을 한다. 탄력이 좋아서 바둑판이나 장기판을 만들기도 한다. 은행나무는 빨리 자란다. 굵게 자란 은행나무는 판재로 켜서 반닫이나 궤를 짜서 쓴다.

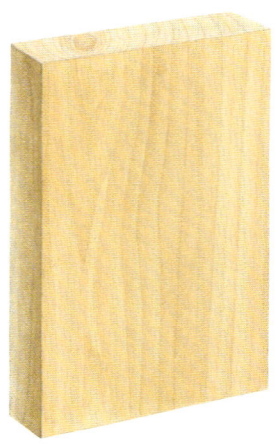

목재 면이 매끄럽고 나무색이 곱다. 연노란색을 띠고 좋은 냄새가 난다.
손연장으로 다루기 좋다.

83×20×135mm, 124g, 충북대 목재연륜소재은행

자작나무

자작나무과 | White birch

자작나무 목재는 단단하고 목재 면이 고와서 가구를 짜거나 조각을 할 때 쓴다. 벌레가 먹지 않고 잘 썩지 않아 오래 간다. 아름드리로 자라는 나무가 드물어 큰 가구를 짜기는 어렵다. 절이나 정자에 거는 현판으로 다듬어 쓴다. 팔만대장경을 새긴 경판에도 자작나무가 들어갔다고 한다. 자작나무는 나무 껍질이 쓸모가 많다. 기름기가 많아 잘 썩지 않고 물에 젖지 않는다. 옛날에는 자작나무 껍질에 그림을 그리고 글씨를 썼다. 천 년도 더 된 천마총 그림도 자작나무 껍질에 그린 것이다. 북녘에서는 나무 판재를 켜서 지붕을 올린 다음 자작나무 껍질로 지붕 위를 덮기도 했다. '기와가 백 년을 가면 자작나무 껍질은 천 년을 간다'고 할 만큼 오래 간다.

나이테가 뚜렷하지 않고 무늬가 흐리다. 심재와 변재의 경계가 뚜렷하지 않고 옅은 밤색이다. 손연장으로 다루기 좋다.

85×20×135mm, 132g, 충북대 목재연륜소재은행

잣나무

소나무과 | Korean pine

잣나무 목재는 가볍고 단단하며 소나무보다 빛깔이 붉다. 소나무와 마찬가지로 갈라지거나 뒤틀리는 일이 적고 벌레가 생기지 않아 집을 짓거나 가구를 짜기 좋다. 잣나무는 소나무보다 송진이 많고 좋은 향이 난다. 나무가 곧게 자라고 가벼워서 문짝으로 짜기도 하고, 판재로 켜서 반닫이나 궤를 짜기도 한다. 잣나무로 만든 가구는 단단하면서도 부드러운 느낌이 난다. 잣나무는 오래 되면 줄기 속이 잘 썩기 때문에 어느 정도 자라면 베어서 쓰는 것이 좋다. 목재 색이 붉어 홍송이라고 하기도 한다.

소나무보다 송진이 많고 색이 붉다. 심재는 노란빛이 도는 붉은색이고 변재는 노란빛이 도는 흰색이다. 손연장으로 다루기 좋다.

72×12×146mm, 61g, 국립산림과학원

전나무

소나무과 | Niddle fir

전나무는 아주 가볍다. 가벼우면서도 나뭇결이 곧고, 휘거나 뒤틀리지 않아 창틀이나 문살을 짜면 아주 좋다. 나무가 곧게 자라고 곁가지 없이 매끈해서 기둥감으로도 안성맞춤이다. 소나무보다 무르긴 하지만 궁궐이나 절을 지을 때 기둥이나 대들보로도 많이 썼다. 아름드리로 자란 전나무는 판재로 켜서 반닫이나 궤, 상자를 짜기도 한다. 다루기가 쉽고 냄새가 좋아서 그릇을 깎아도 좋다. 섬유가 길고 색이 연해서 펄프나 옷감을 만들어 쓰기도 한다.

목재 면이 곱고 부드럽다. 목재는 옅은 노란색으로 흰빛을 띤다.
나무가 물러서 손연장으로 다루기 좋다.
72×11×146mm, 41g, 국립산림과학원

졸참나무

참나무과 | Japanese oak

졸참나무 목재는 무겁고 단단하며 향기가 조금 있다. 창틀, 계단 난간, 농사 연장, 악기 채를 만드는 데 쓴다. 땅에 닿아도 잘 썩지 않아 기찻길 받침목으로도 많이 쓴다. 무늬를 살려서 합판으로도 쓴다. 땔나무로도 좋고 버섯을 기르는 데 쓰기도 한다. 참나무에는 표고버섯, 능이버섯, 영지버섯, 뽕나무버섯, 노루궁뎅이, 참나무버섯 같은 버섯들이 잘 돋는다. 표고버섯은 쓰러진 참나무에서 봄과 가을에 돋는다. 죽은 참나무 줄기에 붙어서 양분을 빨아먹으면서 잘 자란다. 졸참나무는 마르면서 방사조직을 따라서 잘 갈라진다.

나이테가 뚜렷하고 나뭇결은 곧다. 심재와 변재는 뚜렷하다. 심재는 어두운 밤색이고 변재는 밤색이 도는 흰색이다. 손연장으로 다루기에는 너무 단단하다.

85×20×135mm, 198g, 충북대 목재연륜소재은행

주목

주목과 | Yew

주목 목재는 빛깔이 붉다. 나무 껍질도 붉어서 이름이 주목(朱木)이다. 나무가 더디게 자라 나이테가 촘촘하고 뚜렷하며, 나무에서 향이 난다. 단단하면서도 탄력이 있고 빛깔이 고와서 바둑판을 만들면 좋다. 또 목재 면이 매끄럽고 다루기가 좋아서 조각재로도 많이 쓴다. 색이 붉어 불상이나 불교 용품을 만들기도 하고 나무 벼루를 만들어 쓰기도 한다. 나무가 크게 자라기 어렵기 때문에 작은 살림살이나 장식품을 만드는 데 많이 쓴다.

색이 붉고 향이 있다. 심재와 변재가 뚜렷하다. 심재는 붉은 밤색이고 변재는 옅은 노란색이다. 손연장으로 다루기 좋다.
85×20×135mm, 134g, 충북대 목재연륜소재은행

참죽나무

멀구슬나무과 | Chinese toon

참죽나무는 단단하면서도 휘거나 뒤틀리지 않아 가구 기둥감으로 아주 좋다. 나이테가 뚜렷해서 나뭇결도 아름답다. 목재는 분홍빛이 나면서 윤이 난다. 들마루나 사방탁자, 책장을 만들 때 기둥감으로 많이 쓴다. 참죽나무로 가구 기둥을 짜면 가구가 틀어지지 않아 오래 쓸 수 있다. 크고 곧게 자란 것은 집 지을 때 기둥감이나 마루판으로도 많이 쓴다. 나무가 더디게 자라 넓은 판재를 내기는 어렵다. 옛날부터 좋은 목재로 여겼지만 너무 단단해서 쓰기 힘들었는데, 요즘은 연장이 좋아지면서 쓰기가 수월해졌다. 목수들은 강원도에서 자란 참죽나무를 좋은 목재로 친다.

심재와 변재가 뚜렷하다. 심재는 붉은빛이 도는 밤색이고 변재는 노란빛이 도는 흰색이다. 나무가 단단해서 대패나 톱 같은 손연장을 써서 다루기 어렵다. 날이 문드러질 수도 있으니 조심해야 한다.
85×20×135mm, 134g, 충북대 목재연륜소재은행

피나무

피나무과 | Basswood

피나무는 가벼우면서도 잘 뒤틀리지 않고 물기가 잘 말라 부엌 살림살이를 만들면 좋다. 함지도 깎고 떡판도 만들고, 여물통, 쌀통, 이남박, 소반 같은 여러 가지 살림살이를 만들어 쓴다. 탄력이 있는 데다 느낌이 부드러워서 바둑판으로 만들어 써도 좋다. 다루기가 좋아서 조각할 때도 많이 쓴다.

피나무는 어느 정도 자라면 속이 저절로 빈다. 속이 빈 피나무는 쓸모가 많다. 산간 지방에서는 속을 마저 파내고 벌통으로도 쓰고 김칫독, 쌀통으로도 쓴다. 함경도에서는 오십 년 넘게 자라 속이 빈 피나무를 가장 좋은 굴뚝감으로 쳤다고 한다. 나무가 물러서 집 짓는 데는 쓰지 않는다.

목재 면은 곱고 무르며 부드럽다. 나이테가 뚜렷하지 않아서 나뭇결도 흐리다.
심재와 변재는 뚜렷하지 않고 노란빛이 도는 흰색이다. 나무가 물러 손연장으로 다루기 쉽다.
116×20×135mm, 125g, 충북대 목재연륜소재은행

향나무   측백나무과 | Chinese juniper

향나무 목재는 가볍고 좋은 향이 난다. 목재 면은 매끄럽고 부드러우면서 윤이 난다. 향이 좋고 색이 붉어 절에서 불상을 깎거나 바리때와 수저를 깎는 데 쓴다. 다루기가 좋고 목재가 질겨서 가구를 짜도 좋고 조각을 해도 좋다. 향나무를 목재로 켜면 잘 갈라지는데, 진흙에 오랫동안 묻어 두면 덜 갈라진다. 또 나무가 더 단단해지면서 무거워져서 좋은 목재가 된다.

심재는 붉은빛이 나는 밤색이고 변재는 붉은빛이 도는 노란색이다. 나무가 물러서 다루기가 좋다. 손연장으로 다룰 만하다.
85×20×135mm, 128g, 충북대 목재연륜소재은행

호두나무

가래나무과 | Walnut

호두나무 목재는 매끄럽고 윤기가 있으면서 질기고 단단하다. 탄력이 있고 물에 젖어도 갈라지거나 잘 틀어지지 않는다. 크고 굵은 판재로 켜서 쓰기도 하지만 각재로 켜서 가구 뼈대로 쓰는 일이 더 많다. 참죽나무만큼 좋은 기둥감이다. 호두나무는 기름기가 많아서 대패로 밀면 윤이 난다. 단단하면서도 무겁지 않아 예전에는 비행기나 배를 만들 때 호두나무를 썼다. 살림살이나 악기, 공예품을 만드는 데 쓰기도 한다.

심재와 변재는 뚜렷하다. 심재는 검은빛이 나는 밤색이고 변재는 밤색이 도는 흰색이다. 어린 나무에서 켜낸 목재 표본이라 나이테가 넓다.
85×20×133mm, 143g, 충북대 목재연륜소재은행

우리 가구 손수 짜기 217

목공 용어

나이테
나무를 가로로 자르면 나타나는 둥근 테로, 춘재와 하재로 이루어진다.
춘재는 색이 연하고 성질이 무르며, 하재는 색이 진하고 성질이 단단하다.

나뭇결
마구리에서 세로로 길게 톱질했을 때 나타나는 무늬다.
켜는 각도에 따라 곧은결이 나오기도 하고 무늿결이 나오기도 한다.

마구리
길쭉한 토막이나 상자의 머리 면으로,
목재에서는 나이테가 있는 면을 말한다.

용목
나뭇결이 고르지 않지만 무늬가 특이해서 보기 좋은 목재다.
상처가 났던 자리나 혹이 있던 자리, 뿌리 가까이에서 나온다.
느티나무, 단풍나무, 물푸레나무에서 나오며 무늬목으로
많이 쓴다.

판재와 각재
목재 너비가 두께의 네 배가 넘으면 '판재', 네 배가 안 되면 '각재' 라고 한다.

켜기와 자르기
나이테를 따라 목재를 길게 세로로 쪼개는 톱질은 '켜기' 라 하고,
목재 마구리와 평행하게 하는 톱질은 '자르기' 라고 한다.

엇결과 순결
대패나 끌, 조각칼로 목재를 깎을 때 나뭇결이 매끄럽게 밀리는 쪽을
순결이라 하고, 거스러미가 일어나는 쪽을 엇결이라고 한다.
순결 쪽으로 깎아야 힘이 덜 들고, 깎인 면이 매끄럽다.

우리 가구 손수 짜기 219

찾아보기

ㄱ

가래나무 188
가지치기 17
각재 36
감나무 189
감잡이 155
강송 205
갓풀 104
개다리소반 180
개미허리사개 132
개탕대패 67
갱기 76
거멍쇠 154
걸턱 46
겉나무 30
경상 171
경첩 154
고리 155
고무 망치 85
고욤나무 190
고정틀 65
곧날대패 74
곧은결 26
곧은자 48
골밀이 67
공고상 180
광두정 155
구재 157
군날 68
굴참나무 191
궤 174
그무개 54
금강송 205
기름칠 152
까뀌 101
깎낫 23
끌 76

ㄴ

나무 망치 85

나무못 129
나뭇결 26
나비장붙임 144
나이테 30
나주반 181
낙동 146
남경대패 67
내다지 140
너비굽음 33
노루발장도리 84
놋쇠 154
농 176
느티나무 192

ㄷ

단풍나무 193
대자귀 101
대추나무 194
대패 66
대팻날 68
대팻집 68
대팻집 입 68
대팻집고치기대패 74
덧날 68, 72
도끼 100
도면 그리기 119
돌대송곳 89
돌배나무 195
동백기름 152
둥근대패 66
뒤접대패 67
뒤주 182
뒷날 72, 83
드릴 88
들쇠 167
등대기톱 57
때림끌 76

ㅁ

마감대패 66, 68, 69

마구리 26
마름질 50
막니 58
막대패 66, 68, 69
막장부맞춤 140
망치 84
맞붙임 124
맞춤 122
머릿장 177
먹감나무 189
먹줄 121
먹칠하기 149
먹통 121
메뚜기장이음 145
면잡이대패 74
모양자 118
무늬목 38
무늿결 26
무쇠 154
문갑 170
문변자 160
문짝 160, 163
물오리나무 196
물푸레나무 197
미는 대패질 71
밀이끌 77
밀이칼 23

ㅂ

바이스 91
박달나무 198
반다지 140
반달이 175
반달이 짜기 164
반턱맞춤 128
받침쇠 155, 167
밤나무 199
방사조직 191, 203, 212
방진 마스크 47

배나무 195
배꼽대패 67
배대패 67
배목 155
백동 154
버드나무 200
버선장 177
변재 31
변탕 67
보호 안경 47
본 그리기 134
부레풀 104
부름켜 31
부관 124
붕어톱 57, 63
뻗침대 167, 175
뽕나무 202
뿔망치 84

ㅅ

사개맞춤 130
사방탁자 173
사포 106
사포질 150
산벚나무 201
산뽕나무 202
산지못 143
삼각자 118
삼층장 177
상수리나무 203
서랍 짜기 159
서안 171
선반 끼우기 127
소나무 204
소반 180
속나무 30
솎아베기 16
손도끼 100
손자귀 101
송곳 88

송진 204
쇠망치 85
쇠목 160
수평대 42
수평자 75
순결 71
숨은장부맞춤 141
숫돌 102
스카시 톱 110
스크롤 톱 110
슴베 58, 76
시우쇠 154
신주 154
실톱 57, 63
심재 31
쌍장부끌 77
쐐기 84
쐐기 박기 142

ㅇ
아교 104
아까시나무 206
알판 끼우기 126
약농 185
약장 184
양날톱 56
양판 46
어교 104
어김쇠 65
어미날 68, 72
얼굴 보호 장비 47
엇결 71
엠디에프(MDF) 39
연귀자 49, 52
연귀맞춤 136
연귀턱맞춤 137
연귀통 53
연귀판 53
오금대패 67
오동나무 207

오동나무 지지기 146
오리나무 196
옥깎뀌 101
옹이 17, 33
왕벚나무 201
용목 192, 193, 197
은행나무 208
의걸이장 176
이층농 176

ㅈ
자 48
자귀 101
자르기 59
자르는 톱 56
자유 각도자 49
자작나무 209
작업대 42, 46
작업실 42
잣기름 153
잣나무 210
장도리 84
장부맞춤 140
장석 154
전기 드릴 108
전기 사포 106
전나무 211
접이톱 19
정면도 119
제비초리맞춤 138
제재소 24
조각칼 94
조임쇠 90
졸참나무 212
주먹장 132
주먹장 사개맞춤 132
주목 213
줄 103
줄자 48
쥐꼬리톱 57, 63

지게 21
직각끌 77
직각대패 74
직각자 48
직소 112
집성목 39
짜구 101
짜 맞추기 122
짜임 122

ㅊ
찬장 178
찬탁 179
참오동나무 207
참죽나무 214
창칼 49
청태 33
책상 짜기 156
책장 172
책장 짜기 160
책함 172
추재 30
축척자 118
춘양목 205
춘재 30
충전 드릴 108
측면도 119
층판 160, 162

ㅋ
컴퍼스 49, 118
켜기 26, 59
클램프 90

ㅌ
탕개 59, 63
탕개톱 57
턱대패 67
턱맞춤 126
턱끼움 126

톱 56
톱길 60
톱날 58
톱니 58
통영반 181
트리머 114
틀톱 57, 59, 62
T 자 118

ㅍ
파티클보드 39
판재 34
평끌 76, 83
평대패 66
평면도 119
피나무 215

ㅎ
하재 30
함 175
합판 39
해주반 181
행자반 208
향나무 216
형성층 31
호두나무 217
호두기름 153
호족반 180
흑대패 67
홈대패 67, 126
환 103
활비비 88
훑이기 23, 77
훑이기대패 67
흙가루칠하기 149

참고한 자료

국내 도서

『가구디자인&목재가공1』(태지 프리드, 예경, 1995)
『가구디자인&목재가공2』(태지 프리드, 예경, 1995)
『경제식물자원사전』(과학백과사전종합출판사, 1989, 평양)
『공구 사용법을 알면 목공 DIY가 별건가요?』(최영진, 이비컴, 2005)
『굴피집』(안승일, 산악문화, 1997)
『나무 살아서 천년을 말하다』(박상진, 랜덤하우스중앙, 2004)
『나무공예』(손영학, 나무숲, 2004)
『나무도감』(보리출판사, 2001)
『15000원으로 행복해지는 뚝딱뚝딱 목공 만들기』(강선영, 영진닷컴, 2004)
『목가구』(국립민속박물관, 대원사, 2004)
『목가구의 수종식별과 연륜연대』(국립민속박물관, 2004)
『목수』(신응수, 열림원, 2005)
『목수일기』(김진송, 웅진닷컴, 2001)
『木材敎室』(鄭希錫, 敎育科學社, 1989)
『木材用語辭典』(鄭希錫, 서울대학교출판부, 2005)
『木造』(張起仁, 普成閣, 2004)
『목칠공예』(박영규, 솔, 2005)
『민족생활어사전』(이훈종, 한길사, 1992)
『불모의 꿈』(박찬수, 대원사, 2003)
『사진과 도면으로 보는 한옥 짓기』(문기현, 한국문화재보호재단, 2004)
『산촌』(국립민속박물관, 2003)
『삼림리용학』(웨 엠 나우모브, 교육도서출판사, 1956, 평양)
『世界木材圖鑑』(趙在明 외, 先進文化社, 1993)
『소목장』(국립문화재연구소, 2003)
『소반』(나선화, 대원사, 1989)
『소반』(배만실, 이화여자대학교출판부, 2006)
『손수 우리 집 짓는 이야기』(정호경, 현암사, 1999)
『아름지기의 한옥 짓는 이야기』(정민자, 중앙엠앤비출판, 2003)
『역사가 새겨진 나무 이야기』(박상진, 김영사, 2004)
『이제 이 조선톱에도 녹이 슬었네』(배희한 구술, 뿌리깊은나무, 1992)
『李朝木工家具의 美』(裵滿實, 普成文化社, 2004)
『材料』(張起仁, 普成閣, 2004)
『전통 목가구』(김삼대자, 대원사, 1994)

『전통과학기술 조사연구V』(정동찬 외, 국립중앙과학관 과학기술사연구실, 1997)
『전통목가구만들기』(박명배, 한국문화재보호재단, 2002)
『조선경제수목검색』(임록채, 과학원출판사, 1965, 평양)
『조선목가구대전』(호암미술관, 2002)
『조선시대의 못』(정대영, 동인방, 2005)
『조선의 민족전통 7』(과학백과사전종합출판사, 1995)

『조선의 소반, 조선도자명고』(아사카와 다쿠미, 학고재, 1996)
『중요무형문화재 제74호 대목장』(국립문화재연구소, 1999)
『중요무형문화재 제99호 소반장』(국립문화재연구소, 1997)
『지게 연구』(김광언, 민속원, 2003)
『철천지의 친환경 목공 만들기』(김민석, 이비컴, 2005)
『韓國建築辭典』(張起仁, 普成閣, 1998)
『한국목가구의 전통양식』(배만실, 이화여자대학교 출판부, 1988)
『韓國産 木材의 性質과 用途 1』(이필우, 서울대학교출판부, 1997)
『韓國産 木材의 性質과 用途 2』(이필우, 서울대학교출판부, 1997)
『韓國手工藝美術』(김종태, 藝耕産業社, 1990)
『한국의 궤』(정대영, 동인방, 1993)
『한국의 궤』(대구보건대학 대구아트센터, 2006)
『韓國의 木家具』(서울역사박물관, 2002)
『韓國의 木工藝』(李宗碩, 悅話堂, 1986)
『한국의 바구니』(고광민, 제주대학교출판부, 2000)
『한국의 장』(정대영, 동인방, 2002)
『한국의 장롱』(대구보건대학 대구아트센터, 2005)
『DIY 내가 만든 우리집 가구』(박종석, 소리들, 2000)

외국 도서

『「木工」用具と使い方』(李好, 美術出版社, 1995)
『自然木で木工』(安藤光典, 農山漁村文化協会, 2004)
『KAKIのウシドクーキソグ』(柿谷誠, 情報セソター出版局, 1982)
『かんたん 手作り木工』(成美堂出版, 1999)
Cabinets and Bookcases, Time-Life Books, 1993
Collins Complete Woodworker's Ma\, Albert Jackson & David Day,
  Collins, 2005
Dictionary of Woodworking Tools, R.A. Salaman, Astragal Press, 1975
Encyclopedia of Wood, Time-Life Books, 1993
Fine Wood Working on Wood and How to Dry It, The Taunton Press, 1986
Furniture Repair & Refinishing, Brian D. Hingley,
  Creative Homeowner Press, 1998
Green Woodwork, Mike Abbott, Guild Master craftsman Publications, 1989
Green Woodworking, Drew Langsner, Lark Books, 1995
Hand Tools, Time-Life Books, 1993
Home Workshop, Time-Life Books, 1993
Japanese Woodworking Tools, Toshio Odate, Linden Publishing, 1998
Living Wood, Mike Abbott, Living Wood Books, 2004
Old Ways of Working Wood, Alex W. Bealer, Castle books, 1980

Restoring, Tuning & Using Classic Woodworking Tools,
   Michael Dunbar, Sterling Publishing Co., 1989
Sharpening and Tool Care, Time-Life Books, 1994
Taunton's Complete Illustrated Guide to Using Woodworking Tools,
   Lonnie Bird, The Taunton Press, 2004
The AX Book, D. Cook, Alan C. Hood & Company, 1999
The Complete Guide to Sharpening, Leonard Lee, The Taunton Press, 1995
The Essential Guide to Woodwork, Chris Simpson,
   Murdoch Books UK Ltd., 2001
The Handyman's Book, Paul N. Hasluck, Ten speed press, 2001
The International Book of Wood, Simon and Schuster, 1976
The Workbench Book, Scott Landis, The Taunton Press, 1998
Understanding Wood, R. Bruce Hoadley, The Taunton Press, 2000
Woodworking, Dumont Monte, 2001
Working in wood, Ernestt Scott, Mitchell Beazley, 1980

사진과 자료 제공

나무에서 목재로
나무 베기 : 가풍국, 이원우
통나무 나르기 : 산림청 국유림관리소
통나무 갈무리 : 우림목재
제재소 : 대성제재소
목재 켜기 : 우림목재
목재 구조 : 박상진, 산림청 국유림관리소
휘고 줄어드는 목재 : 김희채

목수 연장
대패 : 안성공구
도끼 : 형제대장간

가구 짜기
가구 제작과 기술 시연 : 조화신

아름다운 우리 가구
서안, 경상, 문갑 : 『조선목가구대전』(p.21, p.22, p.25, p.113)
책장 : 『조선목가구대전』(p.45, p.83, p.87), 『한국의 장롱』(p.61)
궤, 반닫이, 함 : 『조선목가구대전』(p.52, p.195), 『한국의 궤』(p.30), 『한국의 목가구』(p.85)
장, 농 : 『목가구』(p.27, p.85), 『조선목가구대전』(p.121, p.129)
찬장 : 『산촌』(p.66), 『한국의 장』(p.187), 『조선목가구대전』(p.166)
소반 : 『목가구』(p.541, p.543, p.555, p.587), 『조선목가구대전』(p.149, p.153, p.159)
뒤주 : 『조선목가구대전』(p.175), 『한국의 궤』(p.119), 『한국의 목가구』(p.201)
약장 : 『조선목가구대전』(p.200, p.201), 『한국의 장』(p.224, p.232)

우리 목재
목재 표본 제공 : 국립산림과학원, 충북대 목재연륜소재은행